南水北调工程
征地拆迁政策与实施管理

本书编委会　编

中国水利水电出版社
www.waterpub.com.cn
·北京·

内 容 提 要

本书通过回顾南水北调东、中线一期工程干线征地拆迁安置历程，总结归纳了其机构设置、机制建立、规划设计、实施管理等方面的做法，并对如何实现和谐征迁、高效征迁作出深刻思考，是南水北调东、中线一期工程干线征地拆迁安置工作实践的结晶，相信对广大的水利工程征地拆迁管理机构和研究单位具有一定的启发和借鉴作用。

图书在版编目（CIP）数据

南水北调工程征地拆迁政策与实施管理 / 《南水北调工程征地拆迁政策与实施管理》编委会编. -- 北京 : 中国水利水电出版社, 2018.11
ISBN 978-7-5170-6158-8

Ⅰ. ①南… Ⅱ. ①南… Ⅲ. ①南水北调－水利工程－土地征用－中国②南水北调－水利工程－移民－安置－中国 Ⅳ. ①TV68②D632.4

中国版本图书馆CIP数据核字(2017)第323676号

书　名	南水北调工程征地拆迁政策与实施管理 NANSHUIBEIDIAO GONGCHENG ZHENGDI CHAIQIAN ZHENGCE YU SHISHI GUANLI
作　者	本书编委会　编
出版发行	中国水利水电出版社 （北京市海淀区玉渊潭南路1号D座　100038） 网址：www.waterpub.com.cn E-mail：sales@waterpub.com.cn 电话：（010）68367658（营销中心）
经　售	北京科水图书销售中心（零售） 电话：（010）88383994、63202643、68545874 全国各地新华书店和相关出版物销售网点
排　版	中国水利水电出版社微机排版中心
印　刷	北京世嘉印刷有限公司
规　格	184mm×260mm　16开本　14.75印张　265千字
版　次	2018年11月第1版　2018年11月第1次印刷
印　数	0001—2000册
定　价	**72.00元**

《南水北调工程征地拆迁政策与实施管理》

编 委 会

主　任： 鄂竟平

副主任： 蒋旭光　袁松龄　王宝恩

委　员：（按姓氏笔画排序）

王友贞　吕国范　刘鲁生　李　静　李定斌
何凤慈　张文波　张景芳　陈曦川　陈曦亮
杜雷功　徐忠阳　曹纪文　蒋春芹　蔡建平
谭　文

主　编： 刘鲁生　盛　晴　朱东恺

副主编： 刘　卫　王显勇

撰写人： 黄国军　周广科　王其同　黄　茜　郭小瀛
孙贝贝　罗　勇　李振军　王保东　李国臣
刘晓音　王贤慧　高洪芬　孙　轶　陈绍强
贾志忠　张素洁　何增炼　包　辉　刘再国
王其强　张西辰　李　冀　邱型群　郭　平
杨爱华　汤义声　金齐银　卢　斌　潘书峰
王　琦　梁　祎　谢　静

序

水是生命之源、生产之基、生态之要。从古至今，人类逐水而居，中华民族发展史，也是一部治水史。从大禹治水，到秦朝的都江堰、隋朝的京杭大运河，再到社会主义新中国的长江三峡工程等，无一不是中华儿女不懈奋斗的光辉伟业。

南北水资源的分布不均严重制约了我国社会经济的可持续发展。“南方水多，北方水少，如有可能，借点水来也是可以的。”1952年，一代伟人毛泽东高瞻远瞩的设想，拉开了南水北调工程这一世界规模最大、受益人口最多、距离最长的调水工程论证研究、规划设计、实施序幕。

南水北调东、中、西三线调水工程总长4350km，供水区域控制面积达145万km^2。在历届党和国家领导人的关怀瞩目下，历经半个世纪论证和十几年建设，先期实施的东、中线一期工程分别于2013年11月15日、2014年12月12日相继正式通水。从此，两条大水脉由南向北在祖国大地上静静流淌，恩泽北京、天津、河北、山东、江苏、河南、湖北、安徽等八省（直辖市），直接惠济人口1亿之众。

南水北调工程，难在征迁安置。东、中线一期工程总长2400多km，涉及8省（直辖市）、30多个大中城市、150多个县、近3000个行政村，需永久占地43万亩、临时用地45万亩，征迁人口9万余人。在党中央、国务院的正确领导下，工程建设、规划设计及征迁实施等有关各方密切协作，沿线工程各省举全省之力全力推进征迁工作，整合落实各项补偿安置和帮扶发展等政策资金，将南水北调征迁工作打造成为一项重大的惠民工程和民生工程，高起点、高标准规划建设征迁安置新村，为征迁群众提供生产安置土地和生活住房，及时交付建设用地，妥善处理工程与征迁矛盾，创新工程沿线社会治理，维护征迁群众合法利益，保障了征迁群众生活达到或超过搬迁前水平，为工程建设和平稳运行提供了坚强保障，谱写了共和国水利工程征迁史上的壮美篇章！

2014年12月31日，习近平总书记发表2015年新年贺词，为南水北调工程征迁移民致敬：“在12月12日，南水北调中线一期工程正式通水，沿线40多万移民搬迁，为这个工程作出了无私奉献，我们要向他们表示敬意，希望他们在新的家园生活幸福。”实践证明，南水北调工程征迁工作取得的巨大成效，充分彰显了集中力量办大事的社会主义制度优越性。正如习近平总书记在党的十九大报告中所提出的，坚定道路自信、理论自信、制度自信、文化自信，是实现社会主义现代化、创造人民美好生活的必由之路。

本书回顾了南水北调东、中线一期工程干线征迁安置实施的工作历程，总结了征迁实施的好做法、好经验，具有较深的政策性、理论性和实践性，可为南水北调后续工程乃至其他水利水电、交通、能源等基建工程征地拆迁工作提供重要参考和有益的借鉴。

前言

南水北调工程分东线、中线、西线三条调水线路，与长江、淮河、黄河和海河四大江河相联系，形成巨大的水网，构筑起我国“四横三纵、南北调配、东西互济”的水资源总体配置格局。工程的实施，对推动经济结构的战略性调整和促进经济、社会、生态协调发展都具有重大的现实意义和深远的历史意义。东线、中线一期工程分别于2002年12月27日和2003年12月30日正式开工建设。2013年11月15日，南水北调东线一期工程正式通水，2014年12月12日，南水北调中线一期工程正式通水，标志着南水北调东、中线一期工程的基本完成并逐步开始发挥效益。

征地拆迁安置工作是工程建设的前置环节和必要条件，是工程建设的重要组成部分。在党中央、国务院的正确领导下，在地方各级政府和南水北调主管部门的共同努力下，南水北调工程沿线各省（直辖市）征迁部门始终坚持讲政治、讲大局、讲奉献，精心组织，统筹安排，抢抓机遇，奋力拼搏，广大征迁干部多年来付出了大量心血和汗水，征迁各项工作取得了辉煌的成效：南水北调东、中线一期工程干线总长2899千米，完成永久征地43万亩，临时用地45万亩，搬迁安置20多万人。

十四年弹指一挥间，总结过往的工作做法，传承经验，确保今后工作中少走弯路是非常必要的，本书正是在这样的背景下编写而成的。

本书共二十章，分为规划设计篇、政策法规篇、实施管理篇、总结思考篇四部分。通过全面回顾南水北调东、中线一期工程干线征地拆迁安置实施历程，系统梳理并透彻解析政策法规和管理体制制度的框架体系，归纳总结机构设置、机制建立、规划设计、实施管理等方面的经验做法，形成了南水北调东、中线一期工程干线征地拆迁工作的宝贵史料。在此基础上，深入剖析和提炼干线征迁先进经验，并对如何实现和谐征迁、高效征迁作出深刻思考，以期为南水北调后续工程乃至其他大型水利水电、交通、能源等基建工程征地拆迁工作提供重要参考和有益的借鉴。

本书由国务院南水北调办征地移民司组织编写，山东省南水北调建设管理局、山东省科源工程建设监理中心和中水北方勘测设计研究有限责任公司承担了大量撰写、修改等工作。在本书的写作过程中，得到了北京、天津、河北、江苏、山东、河南、湖北、安徽等省（直辖市）南水北调办（建管局）的大力支持及有关专家学者的帮助，广泛吸收了他们的真知灼见，因此，《南水北调工程征地拆迁政策与实施管理》集中了广大征迁工作者的智慧，更是全体南水北调人的共同财富。在此对领导、专家、同行们的真诚帮助表示衷心的感谢。

本书对南水北调东、中线一期工程干线征地拆迁政策与实施管理进行了有益的总结和探索，但由于作者水平有限，加之时间紧迫，书中难免存在疏漏和不足之处，敬请批评指正。

编者

2018年8月

目录

CONTENTS

规划设计篇

政策法规篇

实施管理篇

总 结 思 考 篇

规划设计篇

总结思考篇

政策法规篇

实施管理篇

第一章

南水北调工程总体规划

南水北调工程是解决我国北方地区水资源严重短缺问题的重大战略举措，经过半个多世纪的研究与论证，确定分别从长江上、中、下游向北方调水的南水北调东、中、西三条调水线路，形成与长江、淮河、黄河和海河相互连通的“四横三纵”总体格局（图1），以利于实现我国水资源南北调配、东西互济的合理配置。其中，东线工程是从长江下游扬州抽引长江水，利用京杭大运河及与其平行的河道逐级提水北送，出东平湖后分两路输水；中线工程是从加坝扩容后的丹江口水库陶岔渠首闸引水，沿线开挖渠道，经唐白河流域西侧过长江流域与淮河流域的分水岭方城垭口后，沿黄淮海平原西部边缘，在郑州以西孤柏嘴处穿过黄河，继续沿京广铁路西侧北上，自流到北京、天津；西线工程是在长江上游通天河、支流雅砻江和大渡河上游筑坝建库，开凿穿过长江与黄河的分水岭巴颜喀拉山的输水隧洞，调长江水入黄河上游。

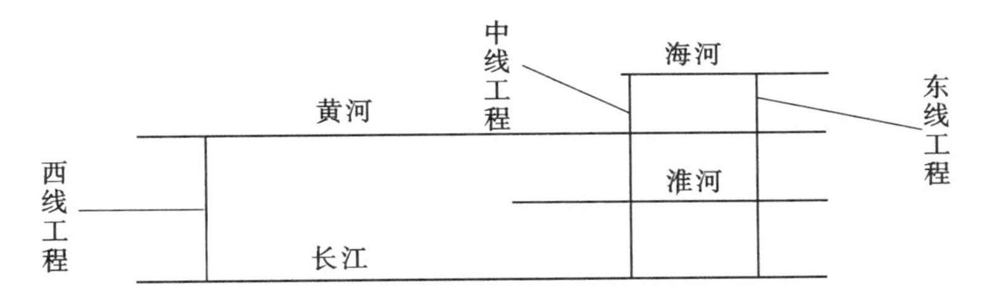

图1　南水北调工程总体布局示意图

第一节　南水北调工程由来及方案论证

一、工程由来

1952年10月，毛泽东同志在听取原黄河水利委员会主任王化云同志关于引江济黄的设想汇报时说："南方水多，北方水少，如有可能，借点水来也是可以的。"从此，拉开了南水北调工程的大幕。

1958 年 3 月，毛泽东同志在党中央召开的成都会议上，再次提出引江、引汉济黄和引黄济卫问题。同年 8 月，中共中央在北戴河召开的政治局扩大会议上，通过并发出了《关于水利工作的指示》，明确指出："除了各地区进行的规划工作外，全国范围的较长远的水利规划，首先是以南水（主要指长江水系）北调为主要目的地，即将江、淮、河、汉、海各流域联系为统一的水利系统规划。"这是"南水北调"一词第一次见之于中央正式文献。

1958 年到 1960 年 3 年中，中央先后召开了 4 次全国性的南水北调会议，制订了 1960 年至 1963 年间南水北调工作计划，提出在 3 年内完成南水北调初步规划要点报告的目标。

1978 年 9 月，中共中央政治局常委陈云就南水北调问题专门写信给水电部部长钱正英，建议广泛征求意见，完善规划方案，把南水北调工作做得更好。同年 10 月，水电部发出了《关于加强南水北调规划工作的通知》。1978 年第五届全国人民代表大会第一次会议上通过的《政府工作报告》中也正式提出："兴建把长江水引到黄河以北的南水北调工程。"

1979 年 12 月，水电部正式成立了部属的南水北调规划办公室，统筹领导协调全国的南水北调工作。

1991 年 4 月，七届全国人民代表大会第四次会议将"南水北调"列入"八五"计划和十年规划。

1992 年 10 月，中国共产党十四次代表大会把"南水北调"列入中国跨世纪的骨干工程之一。

1995 年 12 月，南水北调工程开始全面论证。

2000 年 6 月 5 日，南水北调工程规划有序展开，经过数十年研究，南水北调工程总体格局定为西、中、东三条线路，分别从长江流域上、中、下游调水。

二、方案论证

南水北调工程从 1952 年开始研究至今已半个多世纪，规划研究论证历程大致分为五个阶段。

（一）探索阶段（1952—1961 年）

1952 年 8 月，黄河水利委员会（简称黄委）编写了《黄河源及通天河引水入黄查勘报告》。

1957—1958年，长江流域规划办公室（现长江水利委员会）完成了《汉江流域规划要点报告》和《长江流域综合利用规划要点报告》，提出从长江上、中、下游多点引水，接济黄、淮、海的总体布局。

1958年9月，黄委编写了《金沙江引水线路查勘报告》，初步认为从金沙江引水入黄河可以满足三门峡以上地区缺水要求。

1962年以后，由于黄淮海平原大面积引黄灌溉和平原蓄水，造成严重的土壤次生盐碱化，南水北调的规划与研究工作被搁置。

（二）以东线为重点的规划阶段（1972—1979年）

1972年华北地区大旱，1973年7月国务院召开北方17省（直辖市）抗旱会议后，水电部组成南水北调规划组，研究从长江向华北平原调水的近期调水方案，于1974年7月、1976年3月分别提出了《南水北调近期规划任务书》和《南水北调近期工程规划报告》。选择了以东线作为南水北调近期工程，并以京杭运河为输水干线送水到天津作为东线近期工程的实施方案。

1978年10月，水电部成立了南水北调规划办公室（1979年水、电分部后，水利部又成立了南水北调规划办公室，均简称南办），对南水北调工程进行统筹规划和综合研究。

（三）东、中、西线规划研究阶段（1980—1994年）

1980年和1981年海河流域发生了连续两年的严重干旱，国务院决定：官厅、密云水库不再供水给天津和河北，临时引黄接济天津，加快建设引滦工程。国家计划“六五”期间实施南水北调工程。

1. 东线工程

1983年2月，水电部将《关于南水北调东线第一期工程可行性研究报告审查意见的报告》报国家计划委员会（简称国家计委）并国务院。建议东线工程先通后畅、分步实施，第一期工程暂不过黄河，先把江水送入东平湖。

同月，国务院第十一次会议决定，批准南水北调东线第一期工程方案，并下发了《关于抓紧进行南水北调东线第一期工程有关工作的通知》[国务院(83)国办函字29号文]。

1985年4月，水电部向国家计委上报了《南水北调东线第一期工程设计任务书》。

1988年5月，国家计委将《关于南水北调东线第一期工程设计任务书审查情况的报告》报国务院，认为工程方案没有总体规划，建议水电部抓紧编制东线工程的全面规划和分期实施方案，补充送水到天津的修改方案，再行审批。李鹏总理批示：同意国家计委的意见，南水北调必须以解决京津华北用水为主要目标。

按此精神，水利部南办于1990年5月和11月分别提出了《南水北调东线工程修订规划报告》和《南水北调东线第一期工程修订设计任务书》。1991—1992年组织开展了东线第一期工程总体设计，于1992年12月编制完成了《南水北调东线第一期工程可行性研究修订报告》。

在这个阶段，江苏省结合京杭运河续建工程，初步建成江水北调工程体系；1986年4月至1988年1月，水利部天津勘测设计院（简称天津院）完成了东线穿黄勘探试验洞的开挖任务，查明了工程地质条件，落实了穿黄隧洞的施工方法，基本解决了东线过黄河的关键技术问题。

2. 中线工程

1980年4—5月，水利部组织国家有关部委和省（直辖市）有关部门对中线进行了全线查勘。

长江流域规划办公室（现长江水利委员会）于1987年完成了《南水北调中线工程规划报告》，1988年9月报送了《南水北调中线规划补充报告》和《中线规划简要报告》。

1990年8—9月，国家计委会同水利部对中线工程进行考察，与湖北省、河南省就丹江口水库大坝加高的调水方案取得共识。1991年长江水利委员会（简称长江委）编制了《南水北调中线工程规划报告（1991年9月修订）》及《南水北调中线工程初步可行性研究报告》。

1992年3月，国家计委组织召开了南水北调研讨会，邹家华副总理到会作了重要讲话，提出由中线工程解决湖北、河南、河北、北京、天津的缺水问题，要求加强和加快中线工程的前期工作。

1992年年底，长江委完成了《南水北调中线工程可行性研究报告》。

1994年以后，长江委陆续开展了丹江口水库大坝加高工程和总干渠工程的初步设计工作。

3. 西线工程

1978年、1980年和1985年，黄委三次组织从通天河、雅砻江、大渡河引水入黄河线路的查勘，并提出查勘报告。

1987年黄委根据国家计委的要求，开展西线工程超前期工作。黄委于1989年、1992年和1996年分别提出了《南水北调西线工程初步研究报告》《雅砻江调水工程规划研究报告》和《南水北调西线工程规划研究综合报告》。1996年起西线进入工程规划阶段。

（四）论证阶段（1995—1998 年）

1995 年 6 月，国务院第七十一次总理办公会议专门研究了南水北调问题，指出：南水北调是一项跨世纪的重大工程，关系到子孙后代的利益，一定要慎重研究，充分论证，科学决策。遵照会议纪要精神，水利部成立了南水北调论证委员会。1996 年 3 月底，论证委员会提交了《南水北调工程论证报告》（简称《论证报告》），建议"实施南水北调工程的顺序为：中线、东线、西线"。

经国务院批准，1996 年 3 月成立了由邹家华副总理任主任的南水北调工程审查委员会，对《论证报告》进行审查。1998 年年初完成《南水北调工程审查报告》（简称《审查报告》）并上报国务院。《审查报告》同意《论证报告》提出的主要结论意见，按照中、东、西线的顺序实施南水北调工程。

（五）总体规划阶段（1999—2002 年）

1998 年，江泽民、朱镕基等党和国家领导人对我国水资源问题作了重要批示。水利部于 1999 年 5 月撤销水利部南水北调规划办公室，成立"水利部南水北调规划设计管理局"，2000 年 7 月组织编制了《南水北调工程实施意见》。

2000 年 10 月，党的十五届五中全会通过的《关于制定国民经济和社会发展第十个五年计划的建议》中指出，为缓解北方地区缺水矛盾，要"加紧南水北调工程的前期工作，尽早开工建设"。

按照中央的要求和朱镕基总理"三先三后"的指示精神，国家计委、水利部于 2000 年 12 月 21 日在北京召开了南水北调工程前期工作座谈会，布置南水北调工程总体规划工作。

按照新的要求，水利部组织开展了南水北调工程总体规划工作，提出南水北调工程东、中、西线与长江、淮河、黄河、海河构成"南北调配、东西互济、四横三纵"的总体布局。淮河水利委员会（简称淮委）和海河水利委员会（简称海委）提出了东线工程修订规划，长江委提出了中线工程修订规划，黄委完成了西线工程规划。

2002 年 12 月 23 日，国务院以《国务院关于南水北调工程总体规划的批复》（国函〔2002〕117 号）正式批复了国家计委和水利部联合上报的《关于审批南水北调工程总体规划的请示》文件，批复意见指出，南水北调工程是缓解我国北方水资源严重短缺局面的重大战略性基础设施，关系到今后经济社会可持续发展和子孙后代的长远利益。批复意见要求根据前期工作的深度，先期实施东线和中线一期工程，西线工程先继续做好前期工作。

第二节　南水北调工程总体规划内容

南水北调工程规划根据北方受水区的经济社会发展和水资源短缺状况以及调水区的水源条件，选定了南水北调工程东线、中线、西线的调水水源、调水线路和供水范围，与长江、黄河、淮河和海河四大江河相互联接，构成“四横三纵”的工程总体布局。

一、总体规划调水目标及原则

（一）调水目标与范围

南水北调工程的根本目标是改善和修复北方地区的生态环境。由于黄淮海流域的缺水量80%分布在黄淮海平原和胶东地区，优先实施东线和中线工程势在必行；在黄淮海平原和胶东地区的缺水量中，又有60%集中在城市，城市人口和工业产值集中，缺水所造成的经济社会影响巨大。因此，确定南水北调工程近期的供水目标为：解决城市缺水为主，兼顾生态和农业用水。

其中南水北调东、中线工程涉及8省（直辖市）的44座地级以上城市，受水区为京、津、冀、鲁、豫、苏的39座地级及以上城市、245座县级城市和17个工业园区。

（二）调水规模的确定原则

1. 节水为先

要以节水为前提，治污为关键，改善生态环境为目标，正确处理调水规模和工程建设方案与节水、治污和生态环境保护的关系，把节水作为解决北方缺水的一项根本性措施。特别要重视发挥水价对促进节水的重要经济杠杆作用。

2. 适度从紧

依据水资源合理配置成果，要严格控制调水规模和工程建设规模，避免对生态环境造成难以挽回的损害和过多的积压投资。

3. 责权挂钩

在南水北调工程总体规划的基础上，把调水水量的分配与节水、治污、水价改革、限制地下水超采、配套工程建设等措施相结合，沿线省（直辖市）政府要对所分配的水量作出承诺，供需双方签订所需水量与投资和水价责权挂钩的供水协议或合同。

4. 生态环境保护

把调水对生态环境的影响作为重要制约因素，使调水规模与生态建设及环

境保护相协调。在调水过程中，加强监测与保护，尽量减少和避免调水对生态环境的影响。

二、东线工程规划

（一）规划概况

东线工程利用江苏省已建的江水北调工程，逐步扩大调水规模并延长输水线路。从长江下游扬州附近抽引长江水，利用京杭大运河及与其平行的河道逐级提水北送，并连通起调蓄作用的洪泽湖、骆马湖、南四湖、东平湖。出东平湖后分两路输水：一路向北，在位山附近经隧洞穿过黄河，经扩挖现有河道进入南运河，自流到天津，输水主干线全长1156km，其中黄河以南646km，穿黄段17km，黄河以北493km；另一路向东，通过胶东地区输水干线输水到烟台、威海，全长701km。

（二）规划规模

东线工程的水源地是长江干流的下游，水量丰富、稳定，水质良好，可调水量主要取决于工程规模。

东线工程除解决沿线城市缺水，还可为江苏江水北调地区的农业增加供水，补充京杭运河航运用水以及为安徽洪泽湖周边地区提供部分水量。据此确定东线工程的总调水规模为：抽江水量148亿m^3（流量800m^3/s）；过黄河水量38亿m^3（流量200m^3/s）；向胶东地区供水21亿m^3（流量90m^3/s）。东线工程完成后，多年平均增供水量106.2亿m^3（未包括江苏省江水北调工程的现状供水能力），扣除输水损失后，净增供水量90.7亿m^3。

（三）规划内容

1. 水源工程

东线工程与江苏省江水北调和东引工程共用三江营和高港两个抽水、引水口门。三江营是东线工程的主要抽水口门，位于扬州东南，是淮河入江水道出口。规划将新通扬运河的引水能力扩大到950m^3/s，其中经江都泵站抽水400m^3/s入里运河北送，由三阳河、潼河经宝应（大汕子）泵站送水200m^3/s，其余送入里下河腹部河网。高港位于三江营下游15km处，是泰州引江河工程的入口。江苏省于1999年以300m^3/s输水规模建设泰州引江河工程，除向里下河及东部滨海地区供水外，还有排涝和航运功能。泰州引江河工程渠首建设有可双向抽排的高港泵站，在冬春季长江低水位时，可抽水向三阳河补水北调。同时实施里下河地区水源调整工程，使江都泵站抽取的长江水以北调为主。

2. 输水线路布置

东线工程输水线路共分为 8 段：黄河以南输水线路分为 5 段，13 个梯级泵站提水；另 3 段是穿黄工程段、黄河以北输水线路段和胶东地区输水线路段。

第一段为长江—洪泽湖段，设计输水规模 $800m^3/s$，进洪泽湖 $700m^3/s$。该段利用现有的里运河和将开挖的三阳河、潼河，以及淮河入江水道三路输水，里运河与三阳河两路输水线上各设 3 级泵站，入江水道线路上设 4 级泵站。里运河上已有的 3 级泵站需扩建，其余两条线均需新建。

第二段为洪泽湖—骆马湖段，设计输水规模 $625 \sim 525m^3/s$，利用现有的中运河及徐洪河双线输水，各设 3 级泵站。中运河已有 3 级泵站需部分扩大，徐洪河上需新建 2 级泵站。

第三段为骆马湖—南四湖段，设计输水规模为 $525 \sim 425m^3/s$，利用中运河接韩庄运河、不牢河以及房亭河三路输水，各设 3 级泵站。韩庄运河上现有 3 级航运枢纽，需新建 3 级泵站；需扩建不牢河上已有的 2 级泵站，以及新建过下级湖泵站枢纽；房亭河上已有 3 级泵站均需扩建。

第四段为南四湖段，设计输水规模 $425 \sim 350m^3/s$，需在湖内开挖深槽输水，在二级坝处新建第 10 级泵站，提水入上级湖，规模为 $375m^3/s$。

第五段为南四湖—东平湖段，设计输水规模 $350 \sim 325m^3/s$，需扩挖梁济运河、柳长河输水，新建长沟、邓楼、八里湾 3 个梯级泵站，由八里湾站提水进入东平湖老湖区。

第六段为穿黄河工程段，由南岸输水渠、穿黄枢纽工程和北岸穿越引黄渠道的埋涵三部分组成。穿黄枢纽工程是东线工程的关键项目，经过近 30 年的勘探、规划和设计工作，比较了与黄河平交和立交的多种方案后，确定在黄河南岸的解山和北岸的位山之间，从黄河河床下开凿隧道的立交方案，并已成功开挖了穿黄勘探试验洞。需扩大完建穿黄隧洞，使输水规模达到 $200m^3/s$。

第七段为黄河以北输水线路段，全部自流。位山—南运河入口段设计输水规模 $200 \sim 150m^3/s$，需扩挖小运河，新开临（清）—吴（桥）输水干渠，在吴桥县城北入南运河，利用南运河输水至天津九宣闸，经马厂减河入北大港水库，输水规模为 $150 \sim 100m^3/s$。

第八段为胶东地区输水线路段。从东平湖至威海的米山水库，分为三段：西段由东平湖经济南至引黄济青干渠的分洪道节制闸，长 240km，设计输水规模 $90m^3/s$；中段利用现有引黄济青渠道，从分洪道节制闸至宋庄分水闸，长 142km，输水规模 $37 \sim 29m^3/s$，有 2 级泵站；东段从引黄济青干渠的宋庄分水闸至威海米山水库，长319km，设计输水规模22～4m^3/s，修建渠道、暗渠和压力管道，建7级泵站。其中，西段240km列入南水北调东线主体工程，东段由地方单独立项建设。

3. 调蓄工程

黄河以南利用洪泽湖、骆马湖、南四湖、东平湖进行水量调蓄，现状总调节库容33.9亿m^3。规划将洪泽湖蓄水位由13.0m抬高至13.5m，骆马湖由23.0m抬高至23.5m，南四湖的下级湖由32.5m抬高至33.0m。抬高三个湖泊的蓄水位后，总调节库容可增加到46.9亿m^3；规划并利用东平湖老湖区蓄水，调节库容2亿m^3。黄河以北规划扩建河北的大浪淀、千顷洼和加固天津的北大港水库等，总调节库容约10亿m^3。

4. 泵站工程

东线工程输水线路的地形是以黄河为脊梁，向南北倾斜。在长江取水点附近的地面高程为3～4m，穿黄工程处约40m，天津附近为2～5m。黄河以南需建13级泵站提水，总扬程约65m；输水线路通过洪泽湖、骆马湖、南四湖、东平湖4个调蓄湖泊，两个相连湖泊之间的水位差都在10m左右，各规划建设3级泵站；南四湖的下级湖和上级湖之间设1级泵站。利用原有泵站16座，装机总容量14.9万kW。规划新建泵站51座，新增装机总容量52.9万kW。

5. 治污工程

为保证东线工程输水水质达到国家地表水环境质量Ⅲ类标准的要求，在东线规划区内，规划实施清水廊道工程、用水保障工程和水质改善工程，形成“治理、截污、导流、回用、整治”一体化的治污工程体系。治污项目共5类369项，包括城市污水处理工程135项、截污导流工程33项、工业结构调整工程38项、工业综合治理工程150项、流域综合整治工程13项。

三、中线工程规划

（一）规划概况

中线工程从长江支流汉江丹江口水库陶岔渠首闸引水，沿线开挖渠道，经唐白河流域西部过长江流域与淮河流域的分水岭方城垭口，沿黄淮海平原西部边缘，在郑州以西孤柏嘴处穿过黄河，沿京广铁路西侧北上，可基本自流到北京、天津，受水区范围15万km^2。从陶岔渠首闸至北京团城湖，输水总干线全长1267km，其中黄河以南477km，穿黄段10km，黄河以北780km。天津干线从河北省徐水县分水向东至天津外环河，长154km。

（二）规划规模

根据1956—1997年水文系列成果，对汉江上游用水消耗进行调查分析，考虑汉江中下游地区未来经济社会和生态环境的需水要求，丹江口水库可调水量为120亿～140亿m^3，保证率为95%的干旱年份可调水量为62亿m^3。规划确定中线工程的调水规模为130亿m^3左右。

（三）规划内容

1. 水源工程

规划将丹江口水库大坝加高14.6m，坝顶高程为176.6m，正常蓄水位从157m提高至170m，水库由不完全年调节提升为不完全多年调节，相应库容达到290.5亿m^3，新增库容116亿m^3。大坝加高后，第一期工程的多年平均调水规模为95亿m^3，特枯年份调水量为62亿m^3，基本满足需调水量的要求；同时，可使汉江中下游防洪标准由20年一遇提高到100年一遇，两岸14个民垸70多万人可基本解除洪水威胁。丹江口水库的主要任务将调整为防洪、供水、发电、航运。

2. 输水工程

渠首在丹江口水库陶岔闸，沿伏牛山南麓山前岗垅、平原相间地带向东北方向延伸，在方城县城南过江淮分水岭垭口进入淮河流域，在鲁山县跨过（南）沙河和焦枝铁路经新郑市北部到郑州市，在郑州市以西约30km的孤柏嘴处穿越黄河，然后沿京广铁路西侧向北，在安阳市西北过漳河，进入河北省，从石家庄市西北穿过石津干渠和石太铁路，至徐水县分水两路，一路向北跨北拒马河后进入北京市团城湖，另一路向东为天津市供水。

3. 调蓄工程

输水线路东西两侧现有向城市供水的水库和洼淀19座，总调蓄库容为67.5亿m^3；可充蓄的调节水库、洼淀调蓄库容10.9亿m^3。

4. 汉江中下游治理工程

中线工程从丹江口水库多年平均调水量130亿m^3时，对汉江中下游生活、生产和生态用水将有一定的影响，需兴建兴隆水利枢纽、引江济汉工程，改扩建沿岸部分引水闸站，整治局部航道等四项工程，以减少或消除因调水产生的不利影响。

四、西线工程规划

（一）规划概况

西线工程是在长江上游通天河、支流雅砻江和大渡河上游筑坝建库，开凿

穿过长江与黄河分水岭巴颜喀拉山的输水隧洞，调长江水入黄河上游。

（二）规划规模

西线工程的供水目标，主要是解决涉及青海、甘肃、宁夏、内蒙古、陕西、山西等6省（自治区）黄河上中游地区和渭河关中平原的缺水问题。结合兴建黄河干流上的大柳树水利枢纽等工程，还可以向临近黄河流域的甘肃河西走廊地区供水，必要时也可相机向黄河下游补水。综合分析可调水量和缺水量，以及经济技术合理性等综合因素，规划确定西线工程调水规模为170亿m^3。

（三）规划内容

西线调水的工程布局为：从大渡河和雅砻江支流调水的达曲—贾曲自流线路（简称达贾线）；从雅砻江调水的阿达—贾曲自流线路（简称阿贾线）；从通天河调水的侧坊—雅砻江—贾曲自流线路（简称侧雅贾线），南水北调西线工程输水干线纵断面示意图如图2所示。

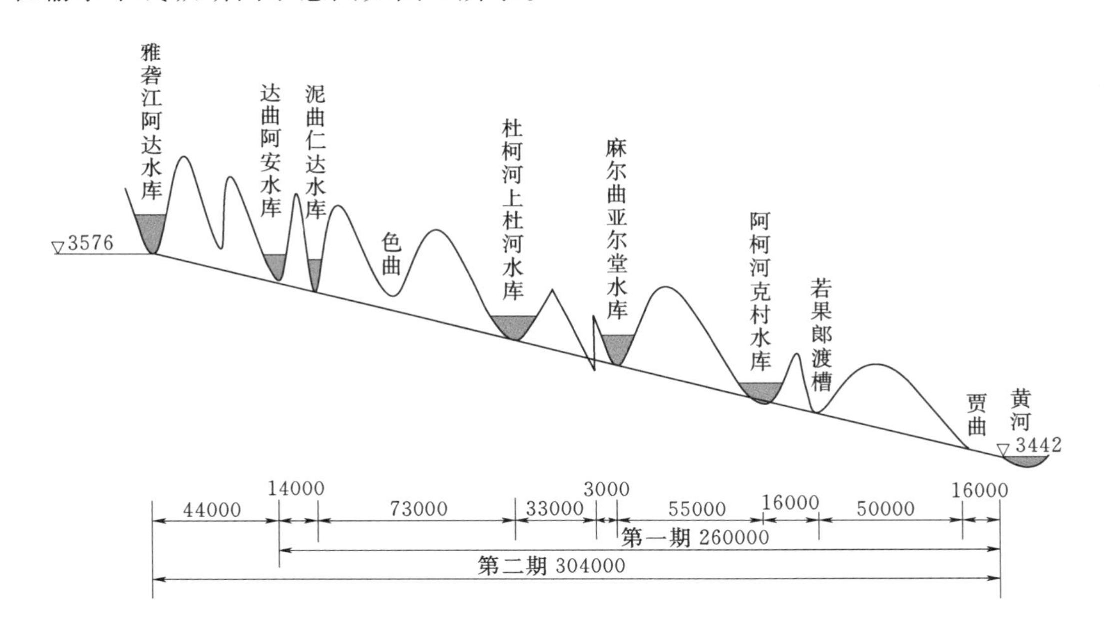

图2　南水北调西线工程输水干线纵断面示意图（单位：m）

达贾线：在大渡河支流阿柯河、麻尔曲、杜柯河和雅砻江支流泥曲、达曲5条支流上分别建引水枢纽，联合调水到黄河支流贾曲，年调水量40亿m^3，输水期为10个月。

阿贾线：在雅砻江干流阿达建引水枢纽，引水到黄河支流的贾曲，年调水量50亿m^3。该方案主要由阿达引水枢纽和引水线路组成，枢纽大坝坝高193m，水库库容50亿m^3。

侧雅贾线：在通天河上游侧坊建引水枢纽，最大坝高273m，输水到德格县浪多乡汇入雅砻江，顺流而下汇入阿达引水枢纽，布设与雅砻江调水的阿达—贾曲自流线路平行的输水线路，调水入黄河贾曲，年调水量80亿m^3。

第三节　南水北调东、中线一期工程规划内容

一、东线一期工程规划

根据规划分期安排，东线一期工程主要建设项目包括治污工程和调水工程两部分。

（一）治污工程

以黄河以南地区江苏省和山东省的治污为主。

在输水干线规划区内建设城市污水处理工程76座，日处理能力343.5万t；配套城市污水再利用设施，处理规模117万t；进行38项工业结构调整和150家工业企业综合治理项目，建设21项截污导流工程以及8项流域整治项目。

（二）调水工程

江苏段新建、改扩建泵站14座，扩挖河道工程8项，蓄水工程1项；山东段新建泵站7座，扩挖河湖工程5项，兴建胶东地区输水工程的西段等；建设穿黄隧洞。同时，建设供电、通信项目和运行监测与管理项目，实施水土保持规划项目。

二、中线一期工程规划

（一）水源工程

水源工程包括丹江口水库大坝加高和移民安置，丹江口水库大坝坝顶高程由162.0m加高至176.6m；安置水库库区移民约30万人（推算至2010年的人口）。

（二）输水工程

输水总干线由丹江口水库陶岔引水闸至北京团城湖，全长1267km，大部分为明渠工程，其中北京段采用管涵输水，天津干线为明渠与管涵相结合输水方案。

输水总干线及天津干线与河流、渠道、道路交叉的建筑物以及渠道上的节制闸、分水口门、退水闸等建筑物共1774座。穿黄输水建筑物是控制中线工程工期的关键项目，可采取隧洞或渡槽方案。

（三）汉江四项治理工程

为了减小或消除南水北调中线调水对汉江中下游的影响，安排建设汉江中下游治理工程，包括兴隆水利枢纽、引江济汉、汉江中下游部分闸站改造和汉江中下游局部航道整治四个单项工程。

第二章

南水北调东、中线一期工程干线可行性研究

第一节　东线一期工程干线整体可行性研究

一、报告编制过程及成果

根据国务院有关会议精神，2004 年 7 月，水利部印发《关于进一步做好南水北调东线、中线一期工程前期工作的通知》（水调水〔2004〕278 号），明确指出：抓紧开展东、中线一期工程整体可行性研究工作，按程序报国务院审批。

2004 年 8 月，水利部印发《关于进一步加强南水北调东、中线一期工程总体可行性研究工作的通知》（水调水〔2004〕311 号），责成淮委会同海委负责组织《南水北调东线第一期工程可行性研究总报告》的编制。

为明确分工，落实责任，按时完成南水北调东线第一期工程可行性研究报告编制工作，2004 年 8 月 14 日，淮委会同海委在青岛主持召开了“南水北调东线第一期工程可行性研究报告编制工作会议”，会后印发了《南水北调东线第一期工程可行性研究报告编制工作方案》。

按照水利部《关于进一步做好南水北调东线、中线一期工程前期工作的通知》精神，要求技术总负责单位对各单项成果的设计深度和质量进行严格审查，满足整体可研要求后纳入整体可研；同时要求水规总院应提前介入各设计单位的前期工作。因此，2004 年 12 月 3—29 日期间，水利部水利水电规划设计总院（简称水利部水规总院）会同水利部调水局、淮委、海委、中水淮河公司和中水北方公司，对东线第一期工程未经审批的 6 个单项工程可研报告编制

工作进行了设计督查及初步评审工作。

2005年1月6日，淮委会同海委在蚌埠召开“东线第一期工程可研报告编制汇总工作会议”，在单项可研报告的基础上，开展了设计汇总和报告编写工作。经过近4个月的紧张汇总工作，于2005年3月编制完成《南水北调东线第一期工程可行性研究报告（送审稿）》上报水利部。

2005年4—10月，水利部水规总院会同有关单位对以往未审批的单项工程逐一进行了预审和复审。根据各单项工程预审意见，设计单位对单项可行性研究报告进行了修改和完善。2005年10月，有关设计单位对总体可行性研究报告进行了修改和补充，编制完成《南水北调东线第一期工程可行性研究报告》。

2006年2月，水利部完成对《南水北调东线第一期工程可行性研究总报告》的审查，并向国家发展改革委报送了修订后的《南水北调中线第一期工程可行性研究总报告》。

二、可行性研究总报告的评估及批复

2008年11月8日，国家发展改革委以发改农经〔2008〕2974号文批复了《南水北调东线一期工程可行性研究总报告》。

第二节　中线一期工程干线整体可行性研究

一、报告编制过程及成果

根据国务院有关会议精神，2004年7月，水利部印发《关于进一步做好南水北调东线、中线一期工程前期工作的通知》（水调水〔2004〕278号），明确指出：抓紧开展东、中线一期工程整体可行性研究工作，按程序报国务院审批。

2004年8月，水利部印发《关于进一步加强南水北调东、中线一期工程总体可行性研究工作的通知》（水调水〔2004〕311号），长江委负责组织《南水北调中线一期工程可行性研究总报告》的编制工作。

2004年12月2日，水利部办公厅印发《南水北调中线一期工程整体可研报告编制工作会议纪要》（办调水〔2004〕189号），要求努力做好《南水北调中线一期工程可行性研究总报告》的编制工作，并明确由长江委设计院主编，各省（市）设计院参与编制，并以此为基础，权益共享，责任共担。

长江委设计院以编制完成的初步设计成果初稿为基础，于2005年1月编制完成《南水北调中线一期工程可行性研究总报告》（送审稿）及附件四（《工程建设征地移民规划设计报告》第一分册——水源工程）。2005年9月，水利部水规总院对其进行了审查。根据审查意见，长江委设计院于2005年11月上旬提交修改成果，水利部水规总院于11月中旬对修改成果再次核查，根据核查意见，长江委设计院于2005年12月完成《南水北调中线一期工程可行性研究总报告》修订工作。

2006年1月，水利部完成对《南水北调中线一期工程可行性研究总报告》的审查，并向国家发展改革委报送了修订后的《南水北调中线一期工程可行性研究总报告》。

二、可行性研究总报告的评估及批复

2006年2—3月，中咨公司受国家发展改革委委托，对《南水北调中线一期工程可行性研究总报告》进行了评估，并提出《关于南水北调中线一期工程可行性研究总报告的咨询评估报告》（咨农水〔2006〕430号）。

2007年4—7月，国家审计署对南水北调中线工程进行了以《南水北调中线一期工程可行性研究总报告》为重点的全面审计，提出了《关于南水北调一期工程建设管理审计情况的报告》。

为落实评估和审计意见，水利部和国务院南水北调办于2007年9月21日在北京召开“2007年南水北调工程第二次前期工作会议”，确定对《南水北调中线一期工程可行性研究总报告》进行修改。根据评估报告和审计报告中所提出的相关意见和建议，长江委设计院于2007年9月对《南水北调中线一期工程可行性研究总报告》投资估算进行调整。

2008年11月8日，国家发展改革委以发改农经〔2008〕2973号文批复了《南水北调中线一期工程可行性研究总报告》。

第三章

南水北调东、中线一期工程干线初步设计情况

南水北调东线一期工程从长江下游调水，向黄淮海平原东部和山东半岛补充水源，主要供水目标是沿线城市及工业用水，兼顾一部分农业和生态环境用水。工程影响范围位于黄淮海平原的东部，南起江苏江都泵站、北至鲁北大屯水库。工程征迁任务涉及江苏省、山东省和安徽省的相关市县。

南水北调中线一期工程从长江支流汉江丹江口水库陶岔渠首闸引水，向河南省、河北省、北京市、天津市补偿水源，主要供水目标是沿线城市及工业用水，兼顾一部分农业和生态环境用水。工程影响范围及征迁任务涉及湖北省、河南省、河北省、天津市和北京市的相关市县。

第一节　东、中线一期工程干线建设内容

一、东线一期工程干线建设内容

东线一期工程初步设计工程规模为抽江 500m^3/s，入东平湖 100m^3/s，过黄河 50m^3/s，送山东半岛 50m^3/s；调水线路总长 1466.24km，其中东平湖以南 1045.23km、穿黄段 7.87km、黄河以北 173.49km、胶东输水干线从东平湖至引黄济青输水渠长 239.65km。涉及征迁任务的单项工程共 13 个，分别为三阳河潼河宝应站工程，江苏长江—骆马湖段（2003）年度工程，骆马湖—南四湖段江苏境内工程，江苏长江—骆马湖段其他工程，南四湖水资源控制、水质监测工程和骆马湖水资源控制工程，山东韩庄运河段工程，南四湖下级湖抬高蓄水位影响处理工程，南四湖至东平湖段工程，东平湖输蓄水影响处理工

程，穿黄河工程，济平干渠，济南至引黄济青段工程，鲁北段工程。东线一期工程干线初步设计主要建设内容见表3-1。

表3-1　　东线一期工程干线初步设计主要建设内容

序号	项　目	主要建设内容
1	三阳河潼河宝应站工程	扩建三阳河29.95km，新建潼河15.5km，新建、重建三阳河、潼河沿线桥梁共23座
2	江苏长江—骆马湖段（2003）年度工程	改扩建江都泵站、淮安四站和淮阴三站；扩建江都东、西闸间河道1.4km，运西河、新河29.8km
3	骆马湖段—南四湖段江苏境内工程	改扩建刘山泵站和解台泵站，新建蔺家坝泵站
4	江苏长江—骆马湖段其他工程	该单项工程包括高水河整治工程、淮安二站改造工程、泗阳站工程等18个设计单元工程
5	南四湖水资源控制、水质监测工程和骆马湖水资源控制工程	新建南四湖水资源控制工程、二级坝泵站工程、南四湖水资源监测工程、骆马湖水资源控制工程
6	山东韩庄运河段工程	新建台儿庄、万年闸、韩庄3座泵站和韩庄运河水资源控制工程
7	南四湖下级湖抬高蓄水位影响处理工程	以湖西大堤为界、北以二级坝为界，东以湖东堤为界（无堤处按33.3m高程控制），南边韩庄—蔺家坝区段按33.3m高程控制内的影响处理工程
8	南四湖至东平湖段工程	包括3座泵站、3条输水河道和1个灌区影响工程，全长约155km
9	东平湖输蓄水影响处理工程	对受蓄水影响的东平湖老湖区进行处理和补偿，主要是围堤防渗加固、排涝泵站改建、湖内引渠清淤
10	穿黄河工程	东平湖出湖闸、南干渠2560m、滩地埋涵进口检修闸、滩地埋涵3768m，穿黄隧洞585m，穿引黄埋涵及连接段480m，出口闸、北岸明渠连接段165m，线路全长7.87km
11	济平干渠	扩挖、新开挖引水干渠渠道89.7km，新建渠首引水闸，沿线修建水闸10座，倒虹吸31座，渡槽14座，排涝站2座
12	济南至引黄济青段工程	新建和改建输水线路150.4km，其中小清河干流输水段长4.6km，新辟无压输水暗涵穿济南市区段23.3km，新辟输水渠段87.8km，开挖疏通分洪道子槽34.6km
13	鲁北段工程	工程由小运河输水工程、“七一·六五”河工程、大屯水库工程、灌区影响处理工程4个设计单元工程组成，全长约175.3km

二、中线一期工程干线建设内容

中线工程从长江支流汉江丹江口水库陶岔渠首闸引水，沿线开挖渠道，经唐白河流域西部过长江流域与淮河流域的分水岭方城垭口，沿黄淮海平原西部边缘，在郑州以西孤柏嘴处穿过黄河，沿京广铁路西侧北上，可基本自流到北京市、天津市。输水总干线全长1267km，其中黄河以南477km，穿黄段10km，黄河以北780km；天津干线从河北省徐水县分水向东至天津市外环河，长154km。中线一期工程初步设计涉及征迁任务的单项工程共13个，分别为陶岔渠首枢纽工程、陶岔渠首至沙河南段工程、沙河南至黄河南段工程、穿黄工程、黄河北至漳河南段工程、穿漳河工程、漳河北至古运河南段工程、京石段应急供水工程、天津干渠工程、汉江中下游局部航道整治工程、汉江中下游部分闸站改造工程、引江济汉工程、汉江兴隆水利枢纽工程。中线一期工程干线初步设计主要建设内容见表3-2。

表3-2　　中线一期工程干线初步设计主要建设内容

序号	项　目	主要建设内容
1	陶岔渠首枢纽工程	建筑物主要有引渠、重力坝、引水闸、消力池、电站厂房和管理用房等，渠首闸坝顶高程176.6m，轴线长265m
2	陶岔渠首至沙河南段工程	陶岔至沙河南段总干渠是中线输水工程的首段，起点位于陶岔渠首闸下，终点位于沙河南岸鲁山县薛寨北，线路长238.7km
3	沙河南至黄河南段工程	工程全长234.7km，渠段内共有各类建筑物350座，包括河渠交叉建筑物32座，左岸排水建筑物96座，渠渠交叉建筑物14座，控制工程38座，路渠交叉建筑物170座
4	穿黄工程	线路全长19.3km，主要建筑物为南岸连接明渠、穿邙山隧洞、穿黄河隧洞、北岸河滩明渠和穿越新、老蟒河及路渠等交叉建筑物
5	黄河北至漳河南段工程	工程总长为237.5km，设计水位为108～92.19m。其中渠道长221.1km，各类渡槽、暗涵和倒虹吸等建筑物长16.5km，各类交叉建筑物333座
6	穿漳河工程	工程由穿漳河交叉建筑物及其下游到京广铁路桥之间的漳河右岸防护工程组成。工程轴线全长1081.8m，建筑物采用渠道倒虹吸型式，由进、出口连接段和闸室段、管身段、退水闸组成
7	漳河北至古运河南段工程	工程总长约237.2km，其中渠道长222.6km，建筑物长14.7km；各类建筑物343座，其中大型河渠交叉建筑物29座，左岸排水建筑物91座，控制建筑物40座，渠渠交叉建筑物26座，路渠交叉建筑物157座
8	京石段应急供水工程	工程包括石家庄至北京团城湖的总干渠工程和河北省4座水库与总干渠连接工程

续表

序号	项 目	主 要 建 设 内 容
9	天津干渠工程	工程总长度为155km，分为6个设计单元，其中：在河北省境内131km，分为4个设计单元；在天津市境内24km，分为2个设计单元
10	汉江中下游局部航道整治工程	工程范围为汉江丹江口至汉川河段，全长574km。其中：丹江口至襄阳河段长117km（整治河段长78km）；襄阳至汉川河段长457km（整治河段长353.8km）
11	汉江中下游部分闸站改造工程	由谷城至汉川汉江两岸31个涵闸、泵站改造项目组成
12	引江济汉工程	工程渠首位于荆州市龙州垸长江左岸江边，线路沿北东向穿荆江大堤，在潜江市高石碑镇北穿汉江干堤入汉江，线路全长67.2km
13	汉江兴隆水利枢纽工程	工程位于汉江中下游河段，湖北省潜江、天门市境内，上距丹江口水利枢纽378.3km，下距河口273.7km

第二节　东、中线一期工程干线初步设计原则

一、总则

（1）以合理利用土地，以人为本的原则；在确定各项补偿标准中应贯彻“三原”原则，同时考虑同一补偿标准在不同地区之间的均衡性，尽量减少因补偿标准不统一带来的矛盾，并与东、中线第一期的在建、已批工程和同一地区的其他工程相协调。

（2）客观性原则。以实事求是的科学态度，深入细致地调查研究，精心设计；征迁安置规划依据国家、地方政府制订的社会、经济发展规划及地方各县（市）社会经济统计资料，有关主管部门提供的规划、统计资料制订。

（3）尽量减少建设用地和拆迁的数量；在执行各项政策方面，中央有规定的执行中央规定，中央没有规定的按省（直辖市）、地（市）、县（区）的顺序参考执行地方规定。

二、征迁安置规划

（1）征迁安置规划应紧密结合地区经济社会发展规划，使征迁群众安置有利于区域自然资源的开发和社会经济的发展，将征迁安置规划与工程建设、资源开发、经济发展、环境保护和治理相结合，妥善安排好征迁群众的生产生活。

（2）贯彻“开发性移民”的方针，以农业安置为基础，结合安置区的自然资源特点以及经济结构调整状况，因地制宜，多渠道、多门路的安置。

（3）征迁安置规划在实物指标调查和社会经济调查的基础上，通过安置区环境容量分析，完成生产安置规划，迁建规划和征迁补偿投资估算。

（4）在生产安置规划中体现“以人为本”的思想，以大农业安置为主的原则，努力实现征迁对象生活水平达到或超过原有生活水平的目标。

三、城镇迁建规划

（1）规划应依据国民经济和社会发展规划以及当地的自然环境、资源条件、历史情况、现状特点，统筹兼顾，综合部署。

（2）正确处理好南水北调工程和集镇、城镇迁建的关系；使影响的集镇、城镇部分的迁建规划同整个集镇、城镇的总体规划相衔接。

（3）影响集镇、城镇部分迁建应按原规模、原标准和恢复原功能的原则进行；规划的主要目的是恢复原有功能，应在征迁补偿投资内限额使用。

（4）集镇、城镇部分迁建规划应同征迁规划、专项设施规划相衔接，做到不重不漏。

四、工业企业复（改）建规划

（1）按技术可行、经济合理的原则，确定工业企业处理方案。对主要生产车间在征地区以外，仅辅助生产车间、设施及办公、生活房屋的场地征用的，原则上采用后靠处理方式；对主要生产车间被征用的企业，应考虑就近复建或异地处理方式；对不符合国家产业政策、不符合环保要求的企业，应采取关、停、并、转及破产等方式。

（2）根据工业企业的处理方案，以调查的实物指标为依据，借鉴国有资产评估的理论和方法对征地区内工业企业的资产进行核实，按照原规模、原标准的补偿原则计算补偿投资。

五、专业项目复建规划

（1）工程影响的交通、电力、电信、广播电视、供水工程等专业项目，需复建的按原规模、原标准或恢复原功能的原则，提出复建方案；因扩大规模、提高等级标准需要增加的投资，由有关单位自行解决。

（2）对于工程影响的水利水电工程、交通工程中的等级公路和公路桥梁等设施，作为主体工程的一部分列入主体工程中。

（3）对工程影响的文物古迹，由省级文物主管部门组织有资质的单位，提出地下文物勘探、发掘方案，地面文物搬迁、留取资料、原地保护的方案。

第三节　东、中线一期工程干线初步设计征地拆迁主要任务

一、东线一期工程干线征地拆迁主要任务

南水北调东线一期调水工程初步设计永久征地 11.23 万亩，临时用地 10.5 万亩，搬迁人口 2.54 万人。南水北调东线一期工程干线包括 13 个单项工程，征地拆迁涉及地区和主要任务见表 3－3。

表 3－3　　东线一期工程干线初步设计主要任务

序号	项　目	涉及省（直辖市）	主要任务
1	三阳河潼河宝应站工程	江苏省	临时征地 12780.4 亩、影响居民户 1173 户 3683 人、影响各类农村房屋 118933.25m² 、影响企事业 43 个
2	江苏长江—骆马湖段（2003）年度工程	江苏省	永久征地 3860 亩、临时用地 3540 亩、规划搬迁人口 3940 人、规划生产安置人口 2118 人、占压房屋 102865m²
3	骆马湖段—南四湖段江苏境内工程	江苏省	永久征地 1696 亩、临时用地 404 亩、规划搬迁人口 97 人、规划生产安置人口 700 人、占压房屋 4422m²
4	江苏长江—骆马湖段其他工程	江苏省	永久征地 18245 亩、临时用地 33012 亩、规划搬迁人口 8717 人、规划生产安置人口 7050 人、占压房屋 273787m² 、搬迁企事业单位 136 个
5	南四湖水资源控制、水质监测工程和骆马湖水资源控制工程	江苏省、山东省	永久征地 2309 亩、临时用地 615 亩、规划搬迁人口 31 人、规划生产安置人口 869 人、占压房屋 542m²
6	山东韩庄运河段工程	山东省	永久征地为 1742 亩、临时用地为 150 亩、规划搬迁人口为 239 人、规划生产安置人口为 1894 人、占压房屋 13073m²
7	南四湖下级湖抬高蓄水位影响处理工程	江苏省、山东省	涉及江苏省徐州市的沛县、铜山区；山东省济宁市的微山县
8	南四湖至东平湖段工程	山东省	永久征地为 13463 亩、临时用地为 20326 亩、规划搬迁人口为 582 人、规划生产安置人口为 5122 人、占压房屋 24170m² 、搬迁企事业单位 6 个、专项设施 270 个

续表

序号	项　目	涉及省（直辖市）	主要任务
9	东平湖输蓄水影响处理工程	山东省	涉及山东省泰安市的东平县，临时用地为720.3亩、占压房屋116m²。
10	穿黄河工程	山东省	永久征地为763亩、临时用地为5465亩、规划搬迁人口为885人、规划生产安置人口为482人、占压房屋53016m²、专项设施13个
11	济平干渠	山东省	永久征地为12875亩、临时用地为3376亩、规划搬迁人口为813人、规划生产安置人口为9009人、占压房屋38900m²
12	济南至引黄济青段工程	山东省	永久征地为33915亩、临时用地为8046亩、规划搬迁人口为4377人、规划生产安置人口为15974人、占压房屋276544m²、搬迁企事业单位162个、专项设施469个
13	鲁北段工程	山东省	永久征地为23421亩、临时用地为16573亩、规划搬迁人口为2067人、规划生产安置人口为9897人、占压房屋74135m²、搬迁企事业单位80个、专项设施593个

二、中线一期工程干线征地拆迁主要任务

南水北调中线一期工程初步设计永久征地32.74万亩，临时用地45.13万亩，搬迁人口6.15万人，征地拆迁涉及地区和主要任务见表3-4。

表3-4　　中线一期工程干线初步设计主要任务

序号	项　目	涉及省（直辖市）	主要任务
1	陶岔渠首枢纽工程	河南省	永久征地360.6亩、临时用地683.1亩，搬迁安置人口356人，拆迁房屋15142.9m²，农副业6家、企业1家、单位5家，专项迁复建包括连接道路1.616km、输电线路1.13km、通信线路6.099km、广电线路5.36km、管道设施1.528km、提灌站1座（装机2660kW）
2	陶岔渠首至沙河南段工程	河南省	永久征地53717亩、临时用地90825亩、规划搬迁人口3785人、规划生产安置人口25655人、占压房屋157198m²、搬迁企事业单位25个、专项设施1658个
3	沙河南至黄河南段工程	河南省	永久征地57945亩、临时用地65890亩、规划搬迁人口12559人、规划生产安置人口20966人、占压房屋770099m²、搬迁企事业单位273个、专项设施1576个

续表

序号	项　目	涉及省（直辖市）	主 要 任 务
4	穿黄工程	河南省	永久征地4348亩、临时用地3960亩、规划搬迁人口276人、占压房屋35600m^2、专项设施57个
5	黄河北至漳河南段工程	河南省	永久征地51720亩、临时用地74482亩、规划搬迁人口28944人、规划生产安置人口8115人、占压房屋1484095m^2
6	穿漳河工程	河南省、河北省	永久征地307.5亩、临时用地1211.1亩、影响专项线路2条（处）、规划生产安置人口79人
7	漳河北至古运河南段工程	河北省	永久征地62942亩、临时用地53106亩、规划搬迁人口6182人、规划生产安置人口39531人、占压房屋278924m^2
8	京石段应急供水工程	河北省、北京市	永久征地51294亩、临时用地78804亩、规划搬迁人口2330人、规划生产安置人口41825人、占压房屋210356m^2
9	天津干渠工程	河北省、天津市	永久征地827亩、临时用地37913亩、规划搬迁人口755人、规划生产安置人口395人、占压房屋84726m^2
10	汉江中下游局部航道整治工程	湖北省	永久征地315亩、临时用地1526亩
11	汉江中下游部分闸站改造工程	湖北省	永久征地348亩、临时用地2224亩、规划搬迁人口26人、占压房屋2338m^2
12	引江济汉工程	湖北省	永久征地18725亩、临时用地31234亩、规划搬迁人口4982人、占压房屋202900m^2
13	汉江兴隆水利枢纽工程	湖北省	永久征地24532亩、临时用地9411亩、规划搬迁人口1269人、占压房屋41000m^2

政策法规篇

规划设计篇

实施管理篇

总结思考篇

南水北调东、中线一期工程干线征地拆迁工作主要涉及征地及附着物补偿、税（规）费、专业项目迁建等方面的政策法规，国家层面的主要：《中华人民共和国土地管理法》（中华人民共和国主席令28号，2004年8月28日修订）、《国务院关于深化改革严格土地管理的决定》（国发〔2004〕28号，2004年10月21日）、《国土资源部关于完善征地补偿安置制度的指导意见》（国土资发〔2004〕238号，2004年11月3日）、《大中型水利水电工程建设征地补偿和移民安置条例》（国务院令第471号，2006年7月7日）、《国务院南水北调工程建设委员会〈南水北调工程建设征地补偿和移民安置暂行办法〉》（国调委〔2005〕1号，2005年1月27日）、《国务院南水北调工程建设委员会关于南水北调工程建设中城市拆迁补偿有关问题的通知》（国调委发〔2005〕2号，2005年3月1日）、《关于南水北调工程建设征地有关税费计列问题的通知》（国调委发〔2005〕3号）、《国务院南水北调办、国家电网公司关于进一步做好南水北调工程永久、临时供（用）电工程建设及电力专项设施迁建协调工作的通知》（国调办投计〔2008〕28号，2008年2月20日）、《国务院南水北调办、交通部关于进一步做好南水北调工程建设与公路交通工程建设协调工作的通知》（国调办投计〔2007〕94号，2007年8月15日）。

在南水北调东、中线一期工程干线征地拆迁工作中，各省（直辖市）严格按照国家出台的政策法规执行，并结合本省实际情况对国家层面的政策上进行细分，出台了本省（直辖市）相关政策和法规。

第四章

征地及附着物补偿政策

征用土地的补偿费用包括土地补偿费、安置补助费以及地上附着物的补偿费。其中土地补偿费和安置补助费是对征用土地的补偿，土地补偿费主要是支付给土地所有者（农村集体经济组织）的补偿费，安置补助费用于安置被征地农业人口。地上附着物补偿费是对被拆迁房屋、迁建的专项设施、砍伐的林木青苗等的补偿，用于被拆迁房屋重建、基础设施的恢复和林木青苗的损失补偿等。南水北调工程由于其显著的公益性，其征地不能完全按市场化来运作，必须由国家和省（直辖市）制定有关政策来进行宏观调控。同时，征地补偿费的分配使用历来是被征迁群众关注的焦点问题，在征迁实施中往往也是导致群众不满进而引发信访、上访甚至群体性事件的主要诱因，理清国家、省等有关征地补偿费分配使用的政策规定对指导实际工作具有现实意义。

第一节　国家层面的征地补偿政策

国家层面的征地补偿政策依据主要有《中华人民共和国土地管理法》（中华人民共和国主席令28号，2004年8月28日修订）、《国务院关于深化改革严格土地管理的决定》（国发〔2004〕28号，2004年10月21日）、《国土资源部关于完善征地补偿安置制度的指导意见》（国土资发〔2004〕238号，2004年11月3日）、《大中型水利水电工程建设征地补偿和移民安置条例》（国务院令第471号，2006年7月7日）、《国务院南水北调工程建设委员会〈南水北调工程建设征地补偿和移民安置暂行办法〉》（国调委〔2005〕1号，2005年1月27日）、《国务院南水北调工程建设委员会关于南水北调工程建设中城市拆迁补偿有关问题的通知》（国调委发〔2005〕2号，2005年3月1日）以及经国务院批准的南水北调东、中线一期工程总体可研报告等。

一、普适性政策规定

（一）补偿标准

《中华人民共和国土地管理法》规定了一般征收耕地按年产值倍数计列的补偿标准，即土地补偿费为该耕地被征用前三年平均年产值的6～10倍，安置补助费为该耕地被征收前三年平均年产值的4～6倍；确定了征地补偿标准法定上限为30倍。对于大中型水利水电工程建设征地补偿标准，明确由国务院另行规定。

《大中型水利水电工程建设征地补偿和移民安置条例》规定了大中型水利水电工程建设征收耕地，其土地补偿费和安置补助费之和为该耕地被征收前三年平均年产值的16倍；同时明确征收其他土地的土地补偿费和安置补助费标准，按照工程所在省（自治区、直辖市）规定的标准执行；国有耕地参照征收耕地的补偿标准给予补偿，未确定给单位或者个人使用的国有未利用地不予补偿。

（二）提高征地补偿标准的政策规定

国土资源部、国家经济贸易委员会（简称国家经贸委）、水利部《关于水利水电工程建设用地有关问题的通知》（国土资发〔2001〕355号，2001年11月2日）规定了水利水电工程建设项目法人支付的土地补偿费和安置补助费尚不能使需要安置的移民保持原有生产和生活水平的，可酌情提高安置补助费标准，但土地补偿费和安置补助费之和不得超过法定最高上限。征地补偿费用标准未达到法定标准的，建设项目法人应调整工程概算总投资。

《中华人民共和国土地管理法》规定了依照该法支付征地补偿安置费用，不能使被征地农民保持原有生活水平的，经省级人民政府批准可以增加安置补助费，但土地补偿费和安置补助费之和最高不得超过30倍。该法授权国务院根据社会、经济发展水平，可以提高征地补偿标准。

《国务院关于深化改革严格土地管理的决定》规定了依照现行法律规定支付征地补偿费，不能使被征地农民保持原有生活水平的，不足以支付因征地而导致无地农民社会保障费用的，省级人民政府应当批准增加安置补助费；土地补偿费和安置补助费之和达到30倍，不足以使被征地农民保持原有生活水平的，当地人民政府可以用国土土地有偿使用收入予以补贴。

《国土资源部关于完善征地补偿安置制度的指导意见》规定了土地补偿费和安置补助费合计按30倍计算，尚不足以使被征地农民保持原有生活水平的，由当地人民政府统筹安排，从国有土地有偿使用收益中划出一定比例给予补贴。

《大中型水利水电工程建设征地补偿和移民安置条例》规定了在土地补偿费和安置补助费不能使需要安置的移民保持原有生活水平的情况下，可以根据需要提高标准，但须报项目审批或者核准部门批准。

二、南水北调工程征地补偿政策规定

南水北调工程是解决北方地区水资源短缺和生态恶化问题的浩大工程，其公益性十分明显。同时，南水北调工程跨越多个省（直辖市），工程战线长，既有干线又有库区，干线又分为东线工程和中线工程，各地农业生产条件和种植结构不同，生活条件各异，为防止补偿标准不统一造成各地攀比，南水北调工程补偿标准由国家统一规定是必要的。

（一）国调委发〔2005〕2号文

《国务院南水北调工程建设委员会关于南水北调工程建设中城市拆迁补偿有关问题的通知》（国调委发〔2005〕2号）明确："南水北调工程土地补偿和安置补助之和可按耕地征用前三年平均产值的16倍计列。"南水北调工程率先将水利工程征地补偿标准提高至16倍，切实保护了被征地农民的合法权益。

国调委发〔2005〕2号文还明确了南水北调工程穿越城市规划区征地补偿政策，即南水北调工程沿线特别是城市征地拆迁补偿经国家批复后与当地征地拆迁标准之间的差额，根据《国务院关于深化改革严格土地管理的决定》精神，由当地人民政府使用国有土地有偿使用收入予以解决。这给地方解决城市拆迁投资缺口明确了政策。这样规定基于三点考虑：一是沿线城市及郊区补偿标准不同，不可能逐一核定补偿标准；二是南水北调工程补偿标准已经比其他大中型水利工程有较大提高，再进一步提高城市及郊区的补偿标准，会引起不同行业和项目之间更大的不平衡，对今后中央其他工程及地方工程带来较大影响；三是继续提高城市及郊区补偿标准会进一步加大工程投资，提高受水区水价，加重北方地区及用水户的负担。南水北调沿线二十多个城市作为工程主要受益者，应该从当地国有土地有偿使用收入中筹集必要的资金，积极主动地做好城市和郊区的征地拆迁工作。实施过程中，北京市、天津市、山东省和河南省及有关市政府均从本级财政中筹集了资金用于南水北调干线工程征地拆迁工作。

（二）南水北调东、中线一期工程总体可研批复

根据国务院于2008年12月批准的南水北调东、中线一期总体可研报告，

南水北调工程征收耕地的土地补偿费和安置补助费之和按该耕地被征收前三年平均年产值的16倍计列，这既是对国务院南水北调工程建设委员会会议纪要有关精神的落实，也落实了《大中型水利水电工程建设征地补偿和移民安置条例》的法律规定。

（三）国土资发〔2005〕110号文

国土资源部、国务院南水北调工程建设委员会办公室（简称国务院南水北调办）联合印发《关于南水北调工程建设用地有关问题的通知》（国土资发〔2005〕110号，2005年6月3日）规定了南水北调工程征地补偿费按照国务院南水北调工程建设委员会确定的标准即16倍计入工程总投资；有关省（直辖市）人民政府应按照与国务院南水北调办签订的《南水北调主体工程建设征地补偿和移民安置责任书》要求，制定本省（直辖市）具体的补偿兑付办法；按上述标准和办法执行尚不足以保证被征地农民生活水平不降低，长远生计有保障的，当地人民政府可以用国有土地有偿使用收入予以补贴；有关地方人民政府要加强对征地补偿费用分配使用的监督管理，维护被征地农民的合法权益；工程建设涉及使用其他单位或者个人依法使用的国有农用地的，参照征地补偿费用标准给予补偿。使用其他单位或者个人依法使用的国有建设用地的，按用地实际情况经协商按有关规定办理。使用无明确使用单位的国有未利用地，可不予补偿。

第二节　各省（直辖市）征地补偿政策

一、《中华人民共和国土地管理法》框架下的南水北调沿线地方补偿政策

在《中华人民共和国土地管理法》框架下，各省（直辖市）普遍出台了本省（直辖市）实施土地管理法办法或者土地管理条例，除北京、天津两市仅对征地补偿（最低保护）标准作了原则性规定外，河北、江苏、山东、河南、湖北等省均对征地补偿标准进行了细化。

各省实施土地管理法办法或者土地管理条例中，普遍针对土地的不同用途明确了按年产值倍数计列的补偿标准。河南省、湖北省将土地简单分为了耕地和其他土地；河北省、江苏省、山东省将土地分为耕地、其他农用地、建设用地和未利用地，一般耕地的土地补偿费和安置补助费标准高于其他土地。

如《河北省土地管理条例》（1987年4月27日河北省第六届人民代表大会第五次会议通过，2005年5月27日修订）规定：征用耕地土地补偿费为年

产值的6～10倍，安置补助费为4～6倍；征用其他农用地和建设用地土地补偿费为5～8倍，安置补助费为4～6倍；征用未利用地土地补偿费为3～5倍，不支付安置补助费。

《江苏省土地管理条例》（2000年10月17日江苏省第九届人民代表大会第十九次会议通过，2004年5月1日修订）规定：征用耕地土地补偿费为年产值的8～10倍，安置补助费根据征地前被征地单位农业人口人均耕地面积的不同从5～15倍不等；征用其他农用地的，土地补偿费为6～10倍，安置补助费为该土地的土地补偿费标准的70%；征用建设用地、未利用地的，土地补偿费分别为6～10倍、3～5倍，不支付安置补助费。

如《山东省实施〈中华人民共和国土地管理法〉办法》（1999年8月22日山东省第九届人民代表大会常务委员会第十次会议通过，1999年8月22日）规定：征用耕地土地补偿费标准为耕地前三年平均年产值的6～10倍（城市规划区范围内8～10倍，城市规划区范围外6～8倍），征用耕地安置补助费为6倍，最高不超过15倍；征用其他农用地、建设用地或者未利用地的，土地补偿费分别为5～6倍、5～7倍和3倍，安置补助费分别为4倍、4倍和0。

《河南省实施〈土地管理法〉办法》（1999年9月24日河南省第九届人民代表大会第十一次会议通过，2004年11月26日修订）规定：征用耕地的，根据区位不同，设区的市近郊区、其他市近郊区、工矿区和建制镇、其他地方分别按年产值的8～10倍、7～9倍、6～8倍补偿，征用耕地中，各类作物的副产品（不包括蔬菜）按主产品年产量的15%～20%计算，安置补助费根据人均耕地的不同从4～15倍不等；征用其他土地的土地补偿费、安置补助费标准参照征用耕地的土地补偿费、安置补助费标准执行。

《湖北省土地管理实施办法》（湖北省第六届人民代表大会常务委员会第二十八次会议通过，1999年9月27日修订）规定了征用耕地的，土地补偿费为年产值的6～10倍，安置补助费为4～6倍，特殊情况下（如占地后人均耕地很少的）最高不超过15倍；征用其他土地的，土地补偿费为5～6倍，征用有收益的其他土地，安置补助费为4～6倍，征用无收益的土地，不支付安置补助费。

各省实施土地管理办法或者土地管理条例中，也有一些个性规定，如《江苏省土地管理条例》在土地类型划分上，细分出精养鱼池、其他养殖水面、果园或者其他经济林地等地类，对于精养鱼池、果园或其他经济林地的土地补偿费标准，分别确定为10～12倍、8～12倍，最高补偿倍数超过了土地管理法规定的补偿高限；经批准占用国有农用地，导致原使用单位受到损失的，可以按不高于征用农民集体所有同类土地的标准予以补偿。

《山东省实施〈中华人民共和国土地管理法〉办法》规定了经批准使用国有农、林、牧、渔、盐场的土地，而使原使用单位受到损失的，应视原使用单位的投入情况，参照征用集体所有土地的同类土地补偿费的标准给予适当补偿。

《河南省实施〈土地管理法〉办法》规定了经批准收回农民耕种的国有土地，耕种五年以内的给予适当的安置补助，耕种五年以上的，安置补助费按年产值的4～6倍支付；收回国有林场、农场等使用的国有土地，参照征用耕地的补偿标准执行。

《湖北省土地管理实施办法》规定了使用国有农用土地的补偿标准参照征用耕地或其他土地的补偿标准执行。

二、南水北调沿线地方补偿标准政策规定

《河北省土地管理条例》规定了依照该条例规定支付土地补偿费和安置补助费后，尚不能使需要安置的农民保持原有生活水平的，经省人民政府批准，可以再增加安置补助费。但是土地补偿费和安置补助费的总和，征用耕地的不得超过30倍，征用其他农用地和建设用地的不得超过25倍。

《河北省人民政府关于深化改革严格土地管理的实施意见》（冀政〔2004〕151号，2004年12月31日）、《河北省人民政府办公厅关于贯彻落实国家土地调控政策的实施意见》（冀政办〔2007〕2号，2007年2月14日）规定了无论征收耕地，还是征收其他农用地、建设用地或者未利用地，土地补偿费和安置补助费之和都不得低于被征土地所在乡镇耕地前三年平均年产值的16倍。经依法批准占用基本农田的，征地补偿按当地政府公布的最高补偿标准执行。

《山东省人民政府关于贯彻国发〔2004〕28号文件深化改革严格土地管理的实施意见》（鲁政发〔2004〕116号，2004年12月27日）规定了征收集体耕地的土地补偿费、安置补助费合计不得低于亩产值的16倍，人均耕地0.2亩以下的两项费用按法定上限30倍补偿。因征地不能使被征地农民保持原有生活水平的，当地政府可以用国有土地有偿使用收入予以补贴。

《河南省人民政府贯彻〈国务院关于深化改革严格土地管理的决定〉的意见》（豫政〔2004〕80号，2004年12月18日）规定了不能使被征地农民保持原有生活水平，不足以支付因征地而导致无地农民的社会保障费用的，当地人民政府应根据实际情况提高补偿标准；土地补偿费和安置补助费的总和达到法定上限，尚不足以使被征地农民保持原有生活水平的，当地人民政府应从国有

土地有偿使用收益中划出一定比例给予补贴。经依法批准占用基本农田的，征地补偿按当地人民政府公布的最高标准执行。

《湖北省人民政府关于进一步加强征地管理切实保护被征地农民合法权益的通知》(鄂政发〔2005〕11号，2005年5月27日）规定了对征地后人均耕地面积在0.8亩以上的农村集体经济组织，土地补偿费取法律法规规定的8～10倍，征地后人均耕地面积在0.8亩以下的农村集体经济组织，土地补偿费必须取法律法规规定的10倍。土地补偿费和安置补助费之和不得低于16倍。依照现行法律法规规定支付土地补偿费和安置补助费，尚不能使被征地农民保持原有生活水平的，不足以支付因征地而导致无地的农民社会保障费用的，经省人民政府批准，应当提高补偿倍数、增加安置补助费；土地补偿费和安置补助费合计按30倍计算，尚不足以使被征地农民保持原有生活水平的，由当地人民政府统筹安排，从国有土地有偿使用收益中划出一定比例给予补贴。经依法批准占用基本农田的，征地补偿费按当地人民政府公布的最高标准执行。

第三节 征地补偿费分配使用政策

地上附着物（含青苗）补偿费归其权属人所有，这是被普遍接受和没有争议的。但是关于土地补偿费和安置补助费的分配和使用问题没有明确统一的标准，地方做法各不相同。

一、国家政策规定

(1) 明确土地补偿费归农村集体经济组织所有，主要用于被征地农户。《中华人民共和国土地管理法实施条例》(国务院令第256号，1998年12月27日)、《国务院关于深化改革严格土地管理的决定》(国发〔2004〕28号，2004年10月21日)、《农业部关于加强农村集体经济组织征地补偿费监督管理指导工作的意见》(农经发〔2005〕1号，2005年1月24日)、《国土资源部关于完善征地补偿安置制度的指导意见》(国土资发〔2004〕238号，2004年11月3日）均有类似规定。

(2) 明确安置补助费用途。《中华人民共和国土地管理法实施条例》规定了安置补助费必须专款专用，不得挪作他用。需要安置的人员由农村集体经济组织安置的，安置补助费支付给农村集体经济组织，由农村集体经济组织管理和使用；由其他单位安置的，安置补助费支付给安置单位；不需要统一安置的，安置补助费发放给被安置人员个人或者征得被安置人员同意后用于支付被安置人员的保险费用。

(3) 要求各省级人民政府应制定土地补偿费在农村集体经济组织内部合理分配的办法。《国务院关于深化改革严格土地管理的决定》《农业部关于加强农村集体经济组织征地补偿费监督管理指导工作的意见》《国土资源部关于完善征地补偿安置制度的指导意见》均有类似规定。

(4) 要求加强征地补偿费用分配使用情况监管。《中华人民共和国土地管理法》《国务院关于深化改革严格土地管理的决定》均规定被征地的农村集体经济组织应当将征收土地的补偿费用的收支情况向本集体经济组织的成员公布，接受监督。《中华人民共和国土地管理法实施条例》规定市、县和乡镇人民政府应当加强对安置补助费使用情况的监督。《国务院关于深化改革严格土地管理的决定》还规定农业、民政等部门要加强对农村集体经济组织内部征地补偿费用分配和使用的监督。《国土资源部关于完善征地补偿安置制度的指导意见》规定当地国土资源部门应配合农业、民政等有关部门对被征地集体经济组织内部征地补偿安置费用的分配和使用情况进行监督。

此外，《农业部关于加强农村集体经济组织征地补偿费监督管理指导工作的意见》规定了留归被征地农民部分的土地补偿费归农民个人所有，要充分尊重被征地农民的意愿，不得强迫农民参加商业保险；留归农村集体经济组织的土地补偿费属农民集体资产，应当用于发展生产、增加积累、集体福利、公益事业等方面，不得用于发放干部报酬、支付招待费用等非生产性开支；规定了土地补偿费分配和使用的批准程序，应由农村集体经济组织成员大会或成员代表大会批准，事后要将土地补偿费的实际开支、管理情况向农村集体经济组织成员大会或成员代表大会报告。留归农村集体经济组织的土地补偿费要严格按照《村集体经济组织会计制度》规定，全部统一纳入公积公益金科目进行核算，并设立土地补偿费专门账户，统一进行管理，收支公开。

《国土资源部关于完善征地补偿安置制度的指导意见》规定对于土地被全部征收，同时农村集体经济组织撤销建制的，土地补偿费应全部用于被征地农民生产生活安置。

二、各省（直辖市）政策规定

（一）土地补偿费支付对象

《河南省实施〈土地管理法〉办法》规定了根据征用集体土地权属不同确定支付给相应对象的政策，如征用的集体土地属村集体经济组织或村民委员会所有的，土地补偿费支付给村集体经济组织或村民委员会；属村民小组的，土地补偿费支付给村民小组；属乡镇集体经济组织所有的，土地补偿费支付给乡镇集体经济组织。

（二）土地补偿费支付政策

《江苏省政府关于调整征地补偿标准的通知》（苏政发〔2011〕40号，2011年3月25日）、《湖北省人民政府关于进一步加强征地管理切实保护被征地农民合法权益的通知》（鄂政发〔2005〕11号，2005年5月27日）规定必须将不低于70%的土地补偿费支付给被征地农民；《山东省土地征收管理办法》（山东省人民政府令第226号，2010年8月17日）规定农民集体所有的土地全部被征收或者征收土地后没有条件调整土地的，土地征收补偿安置费的80%支付给土地承包户，其余的20%支付给被征收土地的农村集体经济组织，征收未承包的农民集体所有的土地或者在征收土地后有条件调整土地的，土地征收补偿安置费的分配、使用方案，由村民会议或者被征收土地农村集体经济组织全体成员讨论决定。《河南省人民政府办公厅关于规范农民集体所有土地征地补偿费分配和使用的意见》（豫政办〔2006〕50号，2006年6月22日）规定已承包到户的农村集体所有土地被全部或部分征收的，其土地补偿费以不得低于80%的比例支付给被征地农户，其余部分留给农村集体经济组织。其中农村集体所有土地被全部征收并撤销建制的，其土地补偿费以不得低于80%的比例分配给被征地农户，其余部分平均分配给征地补偿安置方案确定时本集体经济组织依法享有土地承包经营权的成员。

（三）安置补助费支付政策

《江苏省政府关于调整征地补偿标准的通知》规定被征地农民选择货币安置的，安置补助费必须按时全额发给农民。

《河南省人民政府办公厅关于规范农民集体所有土地征地补偿费分配和使用的意见》规定安置补助费根据不同的安置途径支付。由用地单位或者其他单位统一安置被征地农户的，支付给负责安置的单位；不需要统一安置的，属于已承包到户的安置补助费，要全部支付给被征地农户。属于未承包到户的安置补助费，以不得低于80%的比例平均支付给征地补偿安置方案确定时本集体经济组织依法享有土地承包经营权的成员。

《湖北省人民政府关于进一步加强征地管理切实保护被征地农民合法权益的通知》规定安置补助费要根据不同安置途径确定支付对象。有条件的农村集体经济组织或用地单位统一安置被征地农民的，依照法律法规规定，安置补助费支付给农村集体经济组织或安置单位；经被征地农民申请，并与享有被征收土地所有权的农村集体经济组织签订协议不需要统一安置的，安置补助费可以全额发放给被安置人，由其自谋职业。

（四）土地补偿费和安置补助费的使用

各省（直辖市）均规定：土地补偿费和安置补助费归于集体的部分，其使用方案应经村民大会或村民代表大会通过，具体如下。

《山东省人民政府关于进一步做好征地补偿安置工作切实维护被征地农民合法权益的通知》（鲁政发〔2004〕25号，2004年3月21日）规定土地补偿费支付给农民个人的部分，要引导其投向生产性支出，主要用于发展生产；土地补偿费属农村集体经济组织所有的部分，应纳入公积金管理，不得分配到户，也不得列为集体经济债务清偿资金，由农村集体经济组织掌握使用的征地费用，要优先解决失地农民基本生活保障问题，发展集体经济，兴办公益事业。

《山东省土地征收管理办法》规定了征地补偿安置费归个人的主要用于被征收土地农民的社会保障、生产生活安置，归集体的用于兴办公益事业或者进行公共设施、基础设施建设。

《河南省人民政府办公厅关于规范农民集体所有土地征地补偿费分配和使用的意见》规定留归集体经济组织所有的征地补偿费主要用于发展生产、增加积累、集体福利、公益事业等方面，不得用于发放干部报酬、支付招待费用等非生产性开支。

《湖北省人民政府关于进一步加强征地管理切实保护被征地农民合法权益的通知》规定了土地补偿费应主要用于被征地农民生产生活安置，土地补偿费中扣除直接支付给被征地农民的部分后，其余部分支付给被征地的农村集体经济组织专门用于被征地农民参加社会保险，发展第二、第三产业，解决被征地农民的生产和生活出路，兴办公益事业。

（五）加强征地补偿费用分配和使用监管的政策

《山东省人民政府关于进一步做好征地补偿安置工作切实维护被征地农民合法权益的通知》规定支付给农民个人和农村集体的征地补偿费用，应在资金下拨到位后1个月内，由村委会负责制定明细的资金分配使用方案，张榜公示，经村民大会或村民代表会议同意后实施。农村集体经济组织应定期向村民公布收支状况，对使用征地补偿安置费用数额较大的，要经过村民代表大会同意后实施。

《河南省人民政府办公厅关于规范农民集体所有土地征地补偿费分配和使用的意见》规定征地补偿费分配方案要经农村集体经济组织成员大会或成员代表大会批准，留归集体经济组织所有的征地补偿费使用方案要经农村集体经济组织成员大会或成员代表大会批准。农村集体经济组织要将征地补偿费到位及分配使用情况，及时向本集体经济组织成员公布，接受群众监督。

《湖北省人民政府关于进一步加强征地管理切实保护被征地农民合法权益的通知》规定了地方各级政府要组织监察、审计、国土资源、农业、民政等部门，对土地补偿费、安置补助费的落实、分配和使用情况进行监督；督促农村集体经济组织落实民主理财的各项制度，定期检查征地补偿费的收支状况，重点检查土地补偿费是否实行专款专用，是否用于被征地农民购买保险，发展第二、第三产业，兴办公益事业和农村公共设施建设。支付给农村集体经济组织的征地补偿费用，其使用管理办法应当由该集体经济组织成员的村民会议 2/3 以上成员或者 2/3 以上村民代表集体表决确定，收支情况至少每 6 个月张榜公布一次，接受群众监督，并上报县（市、区）国土资源、农业和监察部门备案。集体经济组织的成员有权对土地补偿费和安置补助费的使用情况提出质询，有关集体经济组织必须作出认真、负责的答复。

第四节　附着物补偿政策

一、国家政策

关于地上附着物和青苗的补偿标准，国家基本上都授权各省（自治区、直辖市）自行规定，国家层面上仅明确一些基本原则。如《中华人民共和国土地管理法》《大中型水利水电工程建设征地补偿和移民安置条例》均规定了被征收土地上的零星树木、青苗以及附着建筑物的补偿标准由省（自治区、直辖市）规定，《城市房屋拆迁管理条例》规定了房屋拆迁货币补偿以房地产市场评估价格确定，具体办法由省级人民政府制定，搬迁补助费和临时安置补助费的标准由省级人民政府规定；《大中型水利水电工程建设征地补偿和移民安置条例》规定了被征收土地上的附着建筑物按照其原规模、原标准或者恢复原功能的原则补偿，对补偿费用不足以修建基本用房的贫困移民应当给予适当补助。南水北调一期工程干线征地拆迁涉及地上附着物和青苗的补偿政策，在国家层面上没有专用政策，统一执行上述政策规定。

二、各省（直辖市）政策规定

（一）一般性规定

南水北调沿线各省（直辖市）关于青苗补偿问题，一般规定按季产值补偿；对于其他地上附着物的补偿标准，一般规定由设区的市人民政府或者省辖市人民政府（直辖市一般是市直有关部门组织）制定并颁布实施，或者报省（直辖市）批准后执行；对于征地期间突击栽种的树木、青苗和抢建的建筑物、构筑物，一般规定不予补偿。

（二）特殊规定

《江苏省土地管理条例》规定了一些附着物补偿的原则，如房屋及其他建筑物、构筑物的补偿费按照重置价格结合成新确定；农田水利工程设施、人工养殖场和电力、广播、通信设施等附着物，按照等效替代的原则付给迁移费或者补偿费；可以移植的苗木、花草以及多年生经济林木等，支付移植费；不能移植的，给予合理补偿或者作价收购。

《山东省实施〈中华人民共和国土地管理法〉办法》规定了被征用土地上的树木，凡有条件移栽的，应当组织移栽，付给移栽人工费和树苗损失费；不能移栽的，可给予作价补偿；被征用土地上的建筑物、构筑物等附着物，可按有关规定给予折价补偿，或者给予新建同等数量和质量的附着物。

《湖北省土地管理实施办法》规定了对于被征用土地上的青苗不能计算产值的给予合理补偿；被征用土地上的建筑物、构筑物等地上附着物的补偿标准参照市场价格予以合理补偿。

对于城市房屋拆迁补偿标准，各省（直辖市）一般规定由房地产市场价格评估确定，如《北京市城市房屋拆迁管理办法》（北京市政府令第 87 号，2001 年 11 月 1 日）、《河北省城市房屋拆迁管理实施办法》（河北省人民政府令第 17 号，2002 年 11 月 13 日）、《山东省城市房屋拆迁管理条例》（山东省第十届人民代表大会常务委员会第二十三次会议通过，2006 年 9 月 29 日）、《湖北省城市房屋拆迁管理实施办法》（湖北省人民政府令第 267 号，2004 年 7 月 16 日）等。

三、地级市政策规定

河北省石家庄市《石家庄市人民政府办公厅关于印发石家庄市征收市区集体土地青苗和地上建筑物附着物补偿标准的通知》（石政办函〔2010〕122 号，2010 年 12 月 31 日）、山东省枣庄市《山东省物价局、山东省财政厅、山东省国土资源厅关于枣庄市征地地面附着物和青苗补偿标准的批复》（鲁价费发〔2005〕40 号，2005 年 4 月 7 日）等文件对地面附着物和青苗的补偿标准都有相关规定。

以山东省为例，山东省物价局、财政厅、国土资源厅最早于 2005 年批复了枣庄市的地上附着物补偿标准，之后 2006 年和 2008 年又批复了其他 16 个地级市的地上附着物补偿标准。山东省物价局、财政厅、国土资源厅批复省辖各地级市地上附着物标准的政策文件中，一般有如下规定：

（1）城市规划控制区域内的房屋可按文件规定补偿标准上浮一定比例进行补偿；城市规划区以内的房屋补偿标准，按《山东省城市房屋拆迁管理条例》的规定执行。

（2）房屋、禽舍等有拆迁后的旧料归原主，各类树木砍伐后归原主。

第五章

税（规）费政策

税（规）费计列和缴纳在水利水电工程建设中目前尚无明确统一的定论。如果完全按照全国政府性基金项目、行政事业性收费项目等相关规定缴纳有关税（规）费，将给南水北调工程建设增加很大的投资压力，进而提高通水后的水价，使得这项工程的实际效益受到影响。基于以往实施的三峡工程曾减免部分税（规）费的考虑，南水北调工程由于其明显的公益性，也应当减免部分税（规）费。为此，2005 年 4 月 4 日，国务院南水北调工程建设委员会印发《关于南水北调工程建设征地有关税费计列问题的通知》（国调委发〔2005〕3 号），明确：要按照国家有关规定，将森林植被恢复费、耕地开垦费、耕地占用税、新菜地开发建设基金编入工程概算。国调委发〔2005〕3 号文的颁布，明确了南水北调工程征地拆迁应计列和缴纳的 4 项税种，除此之外不再考虑其他税种。南水北调东、中线一期工程干线据此计列的税费，实施中也据此缴纳了这 4 项税费。此外，征地管理费、地质灾害评估费、压矿储量调查费、使用林地可行性研究费、勘测定界费等规费虽然在南水北调工程初步设计概算中没有计列，实际实施过程中却必须按照行业主管部门的规定支出，南水北调干线工程征迁工作中已实际支出了上述费用。

第一节　森林植被恢复费

一、森林植被恢复费的概念

森林植被恢复费是由林业主管部门依照国家法律法规的规定收取，统一安排植树造林，恢复森林植被的一种政府性基金。

二、森林植被恢复费的法律法规依据

（一）普适性政策依据

《中华人民共和国森林法》（中华人民共和国主席令第 17 号，1998 年 4 月 29 日修订）、《中华人民共和国森林法实施条例》（国务院令第 278 号，2000 年 1 月 29 日）、财政部、国家林业局《森林植被恢复费征收使用管理暂行办法》（财综〔2002〕73 号，2002 年 12 月 25 日）均做出类似规定：进行勘查、开采矿藏和修建各项建设工程，用地单位均应向县级以上人民政府林业主管部门提出用地申请，经审核同意后，按国家标准向县级以上人民政府林业主管部门（预）缴纳森林植被恢复费。

地方各省（直辖市）均有“征占用林地的单位或个人应当依法缴纳森林植被恢复费”的类似规定，如《山东省森林资源条例》（山东省第十二届人民代表大会常务委员会第十三次会议通过，2015 年 4 月 1 日）、《河南省实施〈中华人民共和国森林法〉办法》（2005 年 1 月 14 日修订、2001 年 1 月 3 日河南省第九届人民代表大会二十次会议通过）、《湖北省林地管理条例》（1997 年 8 月 5 日湖北省第八届人民代表大会常务委员会第二十九次会议通过）等。

（二）南水北调政策依据

国务院南水北调工程建设委员会《关于南水北调工程建设征地有关税费计列问题的通知》（国调委发〔2005〕3 号，2005 年 4 月 4 日）明确：《国务院南水北调工程建设委员会第二次全体会议纪要》（国阅〔2004〕136 号）决定要按照国家有关规定将森林植被恢复费等费用编入工程概算。

三、森林植被恢复费计费标准

根据财政部、国家林业局《森林植被恢复费征收使用管理暂行办法》规定，森林植被恢复费征收标准按照恢复不少于被占用或征用林地面积的森林植被恢复所需要的调查规划设计、造林培育等费用核定，具体按每平方米多少钱征收，如用材林、经济林、薪炭林、苗圃林地每平方米 6 元；未成林造林地每平方米 4 元；防护林和特种用途林林地每平方米 8 元；国家重点防护林和特种用途林地每平方米 10 元；疏林地、灌木林地每平方米 3 元；宜林地、采伐迹地、火烧迹地每平方米 2 元。该办法还明确：本办法自 2003 年 1 月 1 日起执行。各省（自治区、直辖市）有关规定与本办法不一致的，一律以本办法为准。

国调委发〔2005〕3 号文明确南水北调工程征（占）用林地按照上述财政部、国家林业局《森林植被恢复费征收使用管理暂行办法》规定的标准计列，但是，该文明确南水北调主体工程沿线交费区渠道两侧绿化由地方负责，不列入概算。

四、森林植被恢复费征收、使用与管理

（一）森林植被恢复费的征收

森林植被恢复费实行分级征收制，根据征收或者临时征用林地的性质和面积分别确定由哪一级林业主管部门征收，如征收或者临时征用国务院确定的国家重点林区林地的，由国务院林业主管部门或其委托的单位负责预收；占用或者征用除国家重点林区以外林地的，由省级林业主管部门负责预收；临时占用国家重点林区以外林地的，临时占用防护林或者特殊用途林林地面积 $5hm^2$ 以上、其他林地面积 $20hm^2$ 以上的，由国务院林业主管部门审批，临时占用防护林或者特殊用途林林地面积 $5hm^2$ 以下、其他林地面积 $10hm^2$ 以上 $20hm^2$ 以下的，由省级林业主管部门审批等。其中，属于国家林业局审批的，由省级林业主管部门负责预收，其余情况下，哪一级负责审批，就由哪一级负责预收。

县级以上各级林业主管部门收取的森林植被恢复费，按照预算收入级次全额缴入同级国库，缴库要自取得收入之日起 3 日内就地缴入同级国库。

（二）森林植被恢复费使用与管理

《中华人民共和国森林法》规定了森林植被恢复费必须专款专用，由林业主管部门依照有关规定统一安排植树造林、恢复森林植被，植树造林面积不得少于因占用、征用林地而减少的森林植被面积。财政部、国家林业局《森林植被恢复费征收使用管理暂行办法》进一步明确森林植被恢复费必须专项用于各级林业主管部门组织的植树造林、恢复森林植被，包括调查规划设计、整地、造林、抚育、护林防火、病虫害防治、资源管护等开支，不能平调、截留或者挪用。

森林植被恢复费是一种政府性基金，纳入财政预算管理，实行专款专用，年终结余结转下年安排使用。各级林业主管部门（或其委托单位）收取的森林植被恢复费，纳入本级财政预算管理，其中：省（自治区）集中用于全省（自治区）范围内异地植树造林、恢复森林植被的比例不得高于 20%，通过省（自治区）财政专项转移支付返还被占用或征用林地所在地县、地（州、市）级财政，用于植树造林、恢复森林植被的比例不得低于 80%；直辖市集中用于全市范围内异地植树造林、恢复森林植被的比例可高于 20%；县、地（州、市）级林业主管部门收取的森林植被恢复费，全部用于本区域范围内的植树造林、恢复森林植被。

（三）森林植被恢复费征收使用违规处理

森林植被恢复费征收和使用执行财政部、监察部、国家发展计划委员会、审计署、中国人民银行《关于行政事业性收费和罚没收入实行“收支两条线”管理的若干规定》（财综字〔1999〕87号，1999年6月14日），实行财政“收支两条线”管理，即：按财政部门规定全额上缴国库或预算外资金财政专户，支出按财政部门批准的计划统筹安排，从国库或预算外资金财政专户中核拨给执收执罚单位使用。

违反上述规定的，按照《违反行政事业性收费和罚没收入收支两条线管理规定行政处分暂行规定》（国务院令第281号，2000年2月12日），对违反规定行为中涉及的有关部门或单位直接负责的主管人员和其他直接责任人员给予行政处分；构成犯罪的，移交司法机关依法追究其刑事责任。

第二节　耕地开垦费

一、耕地开垦费的概念

耕地开垦费指依法占用耕地进行非农业建设的单位或政府或其他组织缴纳的专项用于开垦新的耕地的一种税费。

二、耕地开垦费的法律法规依据

（一）国家政策依据

《中华人民共和国土地管理法》（中华人民共和国主席令第28号，2004年8月28日）、《中华人民共和国土地管理法实施条例》（国务院令第256号，1998年12月27日）均作出类似规定：实施城市、集镇、村庄规划以及各类建设项目占用耕地的，政府或建设单位在没有条件开垦或开垦耕地不符合要求的情况下，均必须缴纳耕地开垦费。

国务院南水北调工程建设委员会《关于南水北调工程建设征地有关税费计列问题的通知》（国调委发〔2005〕3号，2005年4月4日）明确：《国务院南水北调工程建设委员会第二次全体会议纪要》（国阅〔2004〕136号）决定要按照国家有关规定将耕地开垦费等费用编入工程概算。

（二）地方政策规定

各省（直辖市）均有类似规定：非农业建设经批准占用耕地后，没有条件开垦或者开垦的耕地不符合要求（验收不合格）的，应当按照有关规定向县级以上土地行政主管部门缴纳耕地开垦费，如《天津市土地管理条例》(1992年9月9日天津市第十一届人民代表大会常务委员会第三十七次会议通过，2006年12月18日修订)、《河北省土地管理条例》(1987年4月27日河北省第六届人民代表大会第五次会议通过，2005年5月27日修订)、《山东省实施〈中华人民共和国土地管理法〉办法》(山东省第九届人民代表大会常务委员会第十次会议通过，1999年8月22日)等。

同时，有部分省(直辖市)特别做出了耕地开垦费不得减免的规定，如《北京市耕地开垦费收缴和使用管理办法》(京政办发〔2002〕51号，2002年12月1日)明确规定耕地开垦费不得减、免、缓；《江苏省办公厅转发江苏省国土管理局关于全省耕地占补平衡的实施意见的通知》(苏政办发〔2000〕4号，2000年1月1日)规定了耕地开垦费一律不得减免；《山东省实施〈中华人民共和国土地管理法〉办法》(山东省第九届人民代表大会常务委员会第十次会议通过，1999年8月22日)特别强调耕地开垦费不得减免，建设单位应将其作为建设用地成本列入建设项目总投资。

三、耕地开垦费计费标准

(一) 国家原则性规定

《中华人民共和国土地管理法》《中华人民共和国土地管理法实施条例》明确了耕地开垦费标准由省(自治区、直辖市)规定。

国土资源部、国家经贸委、水利部《关于水利水电工程建设用地有关问题的通知》(国土资发〔2001〕355号，2001年11月2日)规定了按水利水电工程建设项目法人区分不同情况收取耕地开垦费的不同标准，如以发电效益为主的工程库区淹没耕地，可按省级人民政府规定的耕地开垦费下限的80%收取；以防洪、供水(含灌溉)效益为主的工程库区淹没耕地，可按各省耕地开垦费下限的70%收取等。

国调委发〔2005〕3号文明确南水北调干线工程耕地开垦费按国土资源部、国家经贸委、水利部联合发布的国土资发〔2001〕355号文件的规定执行，南水北调工程属于以供水效益为主的工程淹没耕地，应按照各省(自治区、直辖市)人民政府规定的耕地开垦费下限标准的70%收取。

国土资源部、国务院南水北调办《关于南水北调工程建设用地有关问题的通知》(国土资发〔2005〕110号，2005年6月3日)规定了南水北调工程占用耕地没有条件补充或补充的耕地不符合要求的，应按规定缴纳耕地开垦费，具体标准执行国土资源部、国家经贸委、水利部《关于水利水电工程建设用地有关问题的通知》（国土资发〔2001〕355号）有关规定。

（二）各省（直辖市）有关规定

山东省、河南省、湖北省耕地开垦费标准是按照年产值倍数确定。如《山东省实施〈中华人民共和国土地管理法〉办法》规定占用基本农田按照被占用耕地前三年平均年产值的10～12倍缴纳；占用基本农田以外的耕地，按年亩产值的8～10倍缴纳。《河南省耕地开垦费、土地闲置费征收和使用管理办法》（豫财预外字〔1999〕40号，1999年11月15日）规定占用基本农田的，按河南省第九届人民代表大会第十一次会议修订的《河南省实施〈土地管理法〉办法》规定的同类土地补偿费的1倍计收，即年亩产值的6～10倍；占用一般耕地的，按照同类土地补偿费的0.5倍计收，即年亩产值的3～5倍。《湖北省土地管理实施办法》（湖北省第六届人民代表大会常务委员会第二十八次会议通过，1999年9月27日修订）规定占用基本农田的，按土地补偿费的1.5倍以上2倍以下缴纳，即年亩产值的9～20倍；占用基本农田以外的耕地，按土地补偿费的1倍以上1.5倍以下缴纳，即年亩产值的6～15倍。

北京市、天津市、河北省、江苏省、耕地开垦费标准是按照面积确定，如《北京市耕地开垦费收缴和使用管理办法》规定耕地开垦费缴纳标准为22.5～37.5元/m^2。《天津市耕地开垦费管理办法》（津政令第57号，2002年1月28日）规定耕地开垦费缴纳标准：基本农田15～20元/m^2，其他耕地10～20元/m^2。《河北省土地管理条例》规定占用耕地单位应按照每平方米10～15元标准向国土部门缴纳耕地开垦费。

《江苏省人民政府办公厅转发省国土资源厅等部门关于调整耕地开垦费征收标准请示的通知》（苏政办发〔2006〕32号，2006年4月29日）规定本省耕地开垦费征收标准为9～13元/m^2。在此基础上，南水北调工程在各省（直辖市）应缴纳耕地开垦费为各省（直辖市）耕地开垦费下限标准的70%。

四、耕地开垦费的收取、使用和管理

（一）耕地开垦费的收取

耕地开垦费一般由县级以上土地行政主管部门负责征收，但在直辖市如北京、天津等，则由直辖市本级土地行政主管部门收取。山东省耕地开垦费曾下拨到市、县级，但因耕地占补平衡问题地方无法解决，故最后统一收到省南水北调局，由省南水北调局统一向省国土资源厅缴纳，由省国土资源厅负责协调解决耕地占补平衡问题。

（二）耕地开垦费使用和管理

根据《中华人民共和国土地管理法》规定，耕地开垦费专款用于开垦新的耕地。

根据各省（直辖市）关于耕地开垦费的管理办法，耕地开垦费属于行政事业性收费，实行“收支两条线”管理，专款专用，专项用于组织、实施、管理开垦新的耕地的各项开支，一般使用范围包括：扶持单位或个人开发、整理耕地，扩大耕地面积；土地开发整理项目的投资；新的基本农田建设；宜农后备土地资源的调查和评价费用；编制或修编土地利用总体规划和土地开发、整理规划以及基本农田保护区的划定、保护和管理；实施耕地占补平衡所需设备购置、图件、数据库的更新和维护等费用。

使用程序一般包括：土地行政主管部门（或会同有关部门）编制耕地开发整理项目规划；耕地开垦单位（或个人）编制耕地开发项目建议书，向当地土地行政主管部门提出立项申请；立项申请获得批复后，耕地开垦单位应当编制项目设计方案，经土地行政主管部门组织联合审查后批复；耕地开垦单位与土地行政主管部门签订耕地开垦合同，土地部门按合同约定拨付耕地开垦费；耕地开垦项目完成后，由耕地开垦单位提出验收申请；土地主管部门（联合有关部门）组织验收。

第三节　耕 地 占 用 税

一、耕地占用税的概念

耕地占用税是国家对占用耕地建房或者从事其他非农业建设的单位和个人，依据实际占用耕地面积、按照规定税额一次性征收的一种税。耕地占用税是南水北调工程征迁计列税费中唯一由国务院以条例形式明确应缴纳的一个税种。

二、耕地占用税的法律法规依据

（一）国家政策依据

《中华人民共和国耕地占用税暂行条例》（国务院令第 511 号，2007 年 12 月 1 日）、《中华人民共和国耕地占用税暂行条例实施细则》（财政部、国家税务总局令第 49 号，2008 年 2 月 26 日）均规定了占用耕地、林地、牧草地、农田水利用地、养殖水面以及渔业水域滩涂等其他农用地建房或者从事非农业建设的单位或个人，均应缴纳耕地占用税。《中华人民共和国耕地占用税暂行条例实施细则》还规定占用园地建房或者从事非农业建设的，视同占用耕地。建设直接为农业生产服务的生产设施占用前款规定的农用地的，不征收耕地占用税。

国务院南水北调工程建设委员会《关于南水北调工程建设征地有关税费计列问题的通知》（国调委发〔2005〕3号，2005年4月4日）明确：《国务院南水北调工程建设委员会第二次全体会议纪要》（国阅〔2004〕136号）决定要按照国家有关规定将耕地占用税等费用编入工程概算。

《中华人民共和国耕地占用税暂行条例》规定纳税人临时占用耕地，应当依照规定缴纳耕地占用税。纳税人在批准临时占用耕地的期限内恢复所占用耕地原状的，全额退还已经缴纳的耕地占用税。

（二）南水北调沿线各省（市）政策

根据《中华人民共和国耕地占用税暂行条例》及其实施细则规定，南水北调沿线各省（直辖市）均制定颁发了实施办法或印发了贯彻文件精神的通知，规定了占用耕地、园地等建房或非农业建设应依法缴纳耕地占用税，如《北京市实施〈中华人民共和国耕地占用税暂行条例〉办法》（北京市人民政府令第210号，2009年2月2日）、《江苏省实施〈中华人民共和国耕地占用税暂行条例〉办法》（江苏省人民政府令第52号，2008年12月31日）、《山东省人民政府关于贯彻执行〈中华人民共和国耕地占用税暂行条例〉有关问题的通知》（鲁政字〔2008〕137号，2008年6月13日）、《河南省〈耕地占用税暂行条例〉实施办法》（河南省人民政府令第124号，2009年4月15日）。

对于临时占用耕地缴纳耕地占用税问题，一般各省（直辖市）作出的规定与《中华人民共和国耕地占用税暂行条例》类似，如《天津市实施〈中华人民共和国耕地占用税暂行条例〉办法》（天津市人民政府令第6号，2008年6月24日）、《河南省〈耕地占用税暂行条例〉实施办法》等。

三、耕地占用税计费标准及税额计算

由于我国不同地区之间人口和耕地资源的分布极不均衡，有些地区人烟稠密，耕地资源相对匮乏；而有些地区则人烟稀少，耕地资源比较丰富。各地区之间的经济发展水平也有很大差异。考虑到不同地区之间客观条件的差别以及与此相关的税收调节力度和纳税人负担能力方面的差别，耕地占用税在税率设计上采用了地区差别定额税率。

（一）国家规定的计费标准

《中华人民共和国耕地占用税暂行条例》规定了按人均耕地亩数的不同适用的不同税额，人均耕地不超过1亩的地区（以县级行政区域为单位），每平方米为10～50元；人均耕地超过1亩但不超过2亩的地区，每平方米为8～40元；人均耕地超过2亩但不超过3亩的地区，每平方米为6～30元；人均耕地超过3亩以上的，每平方米为5～25元。同时，对于经济特区、经济技术开发区和经济发达且人均耕地特别少的地区，适用税额可以在当地适用税额基础上适当提高，但最高不超过50%；对于占用基本农田的，适用税额应当在前述基础上再提高50%。

《中华人民共和国耕地占用税暂行条例实施细则》规定了各省、自治区、直辖市耕地占用税的平均税额，如南水北调干线工程沿线的省、直辖市中，北京市耕地占用税平均税额为40元/m²，天津市为35元/m²，河北省、山东省、河南省为22.5元/m²，江苏省为30元/m²，湖北省为25元/m²。同时，还规定占用林地、牧草地、农田水利用地、养殖水面以及渔业水域滩涂等其他农用地的，适用税额可以适当低于当地占用耕地的适用税额。

《关于南水北调东、中线一期工程耕地占用税计列标准的通知》（综投计函〔2009〕264号）明确对于南水北调工程征地移民所涉及的各省（直辖市）耕地占用税按各省（直辖市）人民政府核定的县级行政区域的适用税额标准计列。

（二）南水北调沿线各省（直辖市）规定的计费标准

《北京市实施〈中华人民共和国耕地占用税暂行条例〉办法》（北京市人民政府令第210号，2009年2月2日）规定了北京市各县（区）耕地占用税税额为35～45元/m²。占用耕地、园地、林地、牧草地、农田水利用地、养殖水面以及渔业水域滩涂等其他农用地，适用同一标准。

《天津市实施〈中华人民共和国耕地占用税暂行条例〉办法》（天津市人民政府令第6号，2008年6月24日）规定了天津市各县（区）耕地占用税税额为30～40元/m²。占用基本农田、基本菜田的在当地适用税额基础上提高50%征收；占用其他农用地的，在当地适用税额基础上减按70%征收。

《河北省人民政府关于各县（市、区）耕地占用税适用税额的通知》（冀政函〔2008〕91号，2008年9月2日）规定了南水北调中线一期工程涉及的各县（市、区）耕地占用税税额为20～35元/m²。占用其他农用地的，适用税额可以适当降低，但最低不得低于当地适用税额的60%。

《江苏省实施〈中华人民共和国耕地占用税暂行条例〉办法》（江苏省人民政府令第52号，2008年12月31日）规定了江苏省各县（市、区）耕地占用税适用税额为 20～45 元/m^2。占用林地的适用税额按照当地适用税额的 80%执行，占用农牧草等其他农用地的按照当地适用税额的 50%执行。

《山东省人民政府〈关于贯彻执行中华人民共和国耕地占用税暂行条例〉有关问题的通知》（鲁政字〔2008〕137 号，2008 年 6 月 13 日）规定了山东省各县（市、区）耕地占用税适用税额为 20～45 元/m^2。占用林地、农牧草等其他农用地适用税额与占用耕地税额一致。

《河南省〈耕地占用税暂行条例〉实施办法》（河南省人民政府令第 124 号，2009 年 4 月 15 日）规定了河南省省辖市、县（市、区）耕地占用税适用税额为 22～38 元/m^2。占用林地、农牧草等其他农用地适用税额与占用耕地税额一致。

《关于印发〈湖北省耕地占用税适用税额标准〉的通知》（鄂财税发〔2008〕8 号，2008 年 6 月 6 日）规定了湖北省省辖市、县（市、区）、镇耕地占用税适用税额为 20～50 元/m^2。

（三）税额计算

耕地占用税以纳税人实际占用的耕地面积为计税依据，以每平方米土地为计税单位，按适用的定额税率计税。其计算公式为：应纳税额＝实际占用耕地面积（m^2）×适用定额税率。

四、耕地占用税的征收和使用

耕地占用税由地方税务机关负责征收。土地管理部门在通知单位或者个人办理占用耕地手续时，应当同时通知耕地所在地同级地方税务机关。

征收的耕地占用税收入在地方建立农业发展基金；中央建立农业综合开发基金后的基本用途和支出范围，主要包括如下方面：

（1）用于提高耕地质量，改造中低产田，兴建排涝、改碱、荒滩治理、深翻改土、培养地力等工程措施所需的各项费用。

（2）扩大耕地数量，开垦宜耕荒地、滩涂、撂荒地、闲弃地等所需的费用。

（3）兴建和整修小型农田水利工程、灌区渠道、防渗工程、打井配套等工程所需的费用。

（4）在原有耕地和扩大耕地周围实施保护耕地的生物措施，营造农田防护林，水上涵养保持等所需的种子、苗木、工具等所需的资金补助。

（5）繁育推广优良品种，采取先进农业科技措施的费用。

（6）实施开垦和整治宜农耕地工程等大面积开发项目及引进外资项目所需的前期勘测、论证、规划设计所需的配套资金。

（7）经当地人民政府批准，由银行贷款开发农用土地资源项目的贴息支出。

第四节　新菜地开发建设基金

一、新菜地开发建设基金的概念

新菜地开发建设基金是指为了稳定菜地面积，保证城市居民吃菜，加强菜地开发建设，土地行政主管部门在办理征用城市郊区连续三年以上常年种菜的集体所有商品菜地和精养鱼塘征地手续时，向建设用地单位收取的用于开发、补充、建设新菜地的专项费用。它是国家为保证城市人民生活需要，向被批准使用城市郊区的用地单位征收的一种政府性建设基金。

二、新菜地开发建设基金的政策依据

（一）国家政策依据

《中华人民共和国土地管理法》和原农牧渔业部、国家计委、商业部《国家建设征用菜地缴纳新菜地开发建设基金暂行管理办法》[〔1985〕农（土）字第11号]均规定凡批准征用城市郊区的菜地，用地单位应当按照国家有关规定缴纳新菜地开发建设基金。

国务院南水北调工程建设委员会《关于南水北调工程建设征地有关税费计列问题的通知》（国调委发〔2005〕3号，2005年4月4日）明确：在南水北调东、中线工程干线建设项目概算中，按《中华人民共和国土地管理法》规定，计列新菜地开发建设基金。

（二）南水北调沿线各省（直辖市）政策规定

南水北调沿线北京市、天津市有专门的新菜地开发建设基金条例或办法，《北京市新菜地开发建设基金管理办法》（北京市人民政府令第30号，1999年7月13日）、《天津市基本菜田保护管理条例》（天津市第十四届人民代表大会常务委员会第二十一次会议修正，2005年7月19日）均规定凡在本市行政区域内依法征用菜地的，用地单位必须依法缴纳新菜地开发建设基金。其他省虽无专门的办法，但在相关法规条文中可查到依据，如《山东省实施〈中华人民共和国土地管理法〉办法》《河北省土地管理条例》（1987年4月27日河北省第六届人民代表大会第五次会议通过，2005年5月27日修订）均规定新菜地开发建设基金（或一定比例）是耕地开垦基金的组成部分，专项用于土地开发、整理和复垦。

三、新菜地开发基金标准

（一）国家规定

原农牧渔业部、国家计委、商业部《国家建设征用菜地缴纳新菜地开发建设基金暂行管理办法》[〔1985〕农（土）字第11号]规定新菜地开发基金征收标准如下：在城市人口（不含郊县人口，是指市区和郊区的非农业人口）百万以上的市，每征用1亩菜地，缴纳7000～10000元；在城市人口50万以上，不足百万的市，每征用1亩菜地，缴纳5000～7000元，在北京、天津、上海所辖县征用为供应直辖市居民吃菜的菜地，也按该标准缴纳；在城市人口不足50万的市，每征用1亩菜地，缴纳3000～5000元。

（二）地方规定

《北京市新菜地开发建设基金管理办法》（北京市人民政府令第30号，1999年7月13日）规定：征用朝阳区、海淀区、丰台区、石景山区和大兴县南郊农场菜地的，每亩缴纳3万元；征用其他菜地的，每亩缴纳1万元；临时占用菜地超过6个月的，按上述标准的50%缴纳；临时占用菜地，不能恢复菜地原貌的，按应缴标准补缴。

《天津市基本菜田保护管理条例》（天津市第十四届人民代表大会常务委员会第二十一次会议修正，2005年7月19日）规定新菜田开发建设基金缴纳标准：全市基本菜田按照地域划分为一类区域和二类区域；征用、占用一类区域内基本菜田的每平方米45元；征占用二类区域内的每平方米30元。

四、新菜地开发建设基金征收和使用

新菜地开发建设基金一般由县级以上国土资源或者农业行政主管部门负责代征。

新菜田开发建设基金必须全部用于新菜田开发建设、老菜田改造以及蔬菜新品种、新技术的推广和发展无公害蔬菜生产等，具体使用范围包括：新菜地的平整、培肥、排灌等基础工程及其设备购置；菜地保护地生产设施、设备的购置；对老菜地进行改造、挖潜所必需的生产设施、设备的购置；蔬菜良种繁育、植保以及菜地机械、设备、先进生产技术的科研、推广和引进；蔬菜产前、产中、产后服务及加工储藏保鲜；蔬菜生产专业技术及管理人员的培训。

新菜田开发建设基金实行专户储存、专款专用，不得挪用。各级财政、审计、土地和农业行政管理部门，应当加强对菜地基金的征缴、使用情况及其经济效益的监督、检查。

第六章

专业项目迁建政策

专业项目包括交通工程设施、输变电工程设施、电信工程设施、广播电视工程设施、水利水电工程设施、水文站、管道工程设施、国有农（林、牧、渔）场、风景名胜区、自然保护区、文物古迹、矿产资源等。专业项目的处理是水利水电工程征地移民安置规划的重要组成部分，对于各类专业项目，应根据各专业项目的特点、受影响程度和移民安置需要，结合专业项目规划布局，提出各自的处理措施和方案，主要包括复建、改建、迁建、防护、一次性补偿等。专业项目迁复建工程中最主要的一项原则或者政策就是“三原”原则（政策），即按照原规模、原标准或者恢复原功能的原则进行规划设计和迁复建专业项目，但是时至今日，“三原”原则较其最初提出的概念无论内涵和外延都有了很大的扩展。压覆矿产资源和占压文物是比较特殊的和需要高度关注的专业项目，其处理原则或者政策规定应予以梳理和总结。

第一节　“三原”原则

一、国家政策规定

《大中型水利水电工程建设征地补偿和移民安置条例》规定了工矿企业和交通、电力、电信、广播电视等专项设施以及中小学的迁建或者复建，应当按照其原规模、原标准或者恢复原功能的原则补偿。城（集）镇迁建、工矿企业迁建、专项设施迁建或者复建中，因扩大规模、提高标准增加的费用，由有关地方人民政府或者有关单位自行解决。

《南水北调工程建设征地补偿和移民安置暂行办法》规定了城（集）镇、

企事业单位和专项设施的迁建，应按照原规模、原标准或恢复原功能所需投资补偿。因扩大规模、提高标准增加的迁建费用，由有关地方人民政府或有关单位自行解决。

中华人民共和国水利部《水利水电工程建设征地移民安置规划设计规范》（SL 290—2009）规定对恢复改建的项目，应按原规模、原标准或恢复原功能的原则进行规划设计，所需投资列入建设征地移民补偿投资概（估）算。因扩大规模、提高标准（等级）或改变功能需要增加的投资，不应列入建设征地移民补偿投资概（估）算。

《国务院南水北调办、国家电网公司关于进一步做好南水北调工程永久、临时供（用）电工程建设及电力专项设施迁建协调工作的通知》（国调办投计〔2008〕28号，2008年2月20日）规定了南水北调工程电力设施迁建因扩大规模、提高标准（等级）或改变功能需要增加的投资，由有关单位自行解决；电力设施迁建项目按照国家批准的建设规模和投资实行总量控制，不得突破。

国务院南水北调办与交通部、铁道部、住房与城乡建设部等行业主管部门就跨渠桥梁、公路、铁路、城市道路等交叉项目有关方面要求扩大规模、标准的明确了由有关方面负责的处理原则。如《国务院南水北调办、交通部关于进一步做好南水北调工程建设与公路交通工程建设协调工作的通知》（国调办投计〔2007〕94号，2007年8月15日）规定了南水北调工程征迁实施中，为兼顾地方经济发展的需要，地方要求扩大规模、标准且需与南水北调工程同步建设的其他公路桥梁，在确保南水北调工程输水能力和建设工期前提下，其增加的投资由地方相关部门负责。

二、地方政策规定

《河北省南水北调中线干线工程建设征地拆迁安置暂行办法》规定了专项设施和企事业单位的恢复，严格执行国家确定的“原标准、原规模或恢复原功能”政策。

《山东省南水北调工程专项设施迁建暂行办法》规定了专项设施恢复建设应当按照“原标准、原规模或恢复原功能”的原则实施，因扩大规模、提高标准（等级）或改变功能要增加的投资，由有关单位自行解决。

三、“三原”原则的发展

“三原”原则是南水北调干线工程乃至整个水利水电工程征地拆迁安置的一项主要原则。在不同时期“三原”原则对指导和规范移民迁复建工程的规划和相关补偿费用的计算发挥了重要作用，对顺利推进征地拆迁安置工作起到了重要作用。“三原”原则随着国家政策和行业规范的完善以及经济的发展而不断发展、延伸，从开始实施到现在，其作用和意义已经发生了很大的变化。

“三原”原则最早作为征地移民安置工作的重要原则正式写入规范是从《水利水电工程水库淹没处理设计规范》（SD 130—84）（简称“84 规范”）开始的，即指按“原规模、原标准和原功能”的原则开展水库受淹专业项目（包括受淹的工矿企业和铁路、公路、航运、电力、电信、广播电视等设施）的迁建，相应需要的投资列为水电工程补偿投资。在“84 规范”颁布实施期，我国还处于传统计划经济时期，经济还不富裕，“三原”原则的主要立足点是按原规模、原标准计算受淹专项工程补偿投资，由地方政府包干统筹使用，也由此实现对水电工程水库淹没处理投资的控制。

1991 年国务院以 74 号令颁布了《大中型水利水电工程建设征地补偿和移民安置条例》（简称“74 号令”），在“74 号令”的基础上，对“84 规范”进行了修订。和“84 规范”一样，《水电工程水库淹没处理规划设计规范》（DL/T 5064—96）（简称“96 规范”）中“三原”原则的主要立足点仍然是计算迁复建工程补偿投资，不同的地方在于：一是“96 规范”明确提出扩大规模、提高标准增加的投资，由地方政府或有关单位自行解决；二是“96 规范”提出迁建城镇规划除了应本着原规模、原标准的原则外，还应参照行业标准和行业工作程序编制。迁建城（集）镇的补偿费用虽然仍由地方政府包干使用，但补偿费用是按照迁建规划设计计算的。通过规划设计，迁建城镇的规模和标准符合相关城镇规划规范，水电和城建两个行业的标准开始衔接。城建行业的规范和标准进入移民工程，“三原”原则的作用和意义前进了一大步。根据符合规范的城镇规划设计计算的补偿投资，提高了移民安置规划的可靠性和可操作性，更利于地方政府实施，更利于地方经济的发展。但是这一时期的规划设计基本是用于计算补偿投资，地方政府往往根据地方发展规划自行设计，通过补偿资金与地方发展专项资金结合实施迁复建工程的建设，存在规划设计与实际实施两套不相符合的现象。

在之后的《大中型水利水电工程建设征地补偿和移民安置条例》（国务院令第 471 号，2006 年 7 月 7 日）（简称“471 号令”）及《水利水电工程建设征地移民安置规划设计规范》（SL 290—2009）（简称“09 规范”）仍把“三原”原则作为迁复建移民工程的一个基本原则，但是其涵义有了更进一步的延伸和提高。主要体现在以下方面：一是进一步明确移民安置规划目标和安置标准应以达到或超过原有生产生活标准为原则，对移民生产生活直接影响的目标值应细化和分解，深入调查分析，结合安置区经济发展规划合理确定。二是提出了“移民工程建设规模和标准，应当按照原规模、原标准或恢复原功能的原则，考虑现状情况，按照国家有关规定确定。现状情况低于国家标准的，应按国家标准低限执行；现状情况高于国家标准高限的，按国家标准高限执行”。三是“三原”原则的立足点不再限于计算补偿投资，更多地强调规划设计。迁复建工程按相应行业标准和规范设计，按设计实施、按设计计算补偿投资。设计不再是两张皮，而是落地成真、付诸实施。但对于超出规范要求和标准的项目仍然考虑了合理的投资分摊。

至“471号令”颁布和“09规范”实施以来，正逢我国经济高速发展时期，在建和新开工的水利水电工程迁复建城（集）镇、交通、水利、电力等移民工程在执行“三原”原则时，已经按照国家的强制性规定和相应行业的标准规范，结合促进地方经济社会发展和移民脱贫致富的要求进行设计和建设。南水北调干线工程征迁实施中，迁复建工程的建设规模和标准较以前就有了一定幅度的提高。为了满足地方经济发展的要求，在考虑投资分摊的前提下，有些项目甚至结合地方发展规划一次建成到位。

第二节　专项迁建政策

一、普适性政策

《大中型水利水电工程建设征地补偿和移民安置条例》规定了对工矿企业的迁建，应当符合国家的产业政策，结合技术改造和结构调整进行；对技术落实、浪费资源、产品质量低劣、污染严重、不具备安全生产条件的企业，应当依法关停。

《水利水电工程建设征地移民安置规划设计规范》（SL 290—2009）规定了应结合移民安置和地区经济发展规划，确定交通工程、输变电、电信、广播电视设施和水利水电工程等专业项目的处理方案。

二、南水北调工程专项迁建政策

《南水北调工程建设征地补偿和移民安置暂行办法》规定了受工程占地和淹没影响的城（集）镇、企事业单位和专项设施的迁建，应符合当地社会经济发展及城乡规划。

《国务院发展改革委办公厅关于协调解决南水北调东、中线一期工程跨渠交通桥问题基本原则的复函》（发改办投资〔2007〕2166号，2007年9月9日）明确了已有规划的交通桥按照规划规模和标准来建设的原则，即：对已建和在建且符合国家基本建设程序、建设手续完备的公路、铁路交通工程，按批准的工程建设规模和标准建设跨渠交通桥，其投资纳入南水北调东、中线一期工程；对于在国务院南水北调办、国家发展改革委、水利部联合发布《关于严格控制南水北调中、东线第一期工程输水干线征地范围内基本建设和人口增长的通知》（国调办环移〔2003〕7号）之前已列入建设规划并批复可行性研究报告，目前尚未开工建设的公路、铁路交通工程，按可行性研究报告批复的规模和标准建设跨渠交通桥，其投资纳入南水北调东、中线一期工程。

国务院南水北调办与交通部、铁道部、住房与城乡建设部等有关行业主管部门在合理控制工程建设投资的政策要求下，分别就跨南水北调渠道桥梁、公路、铁路、城市道路等交叉项目明确了处理原则，即：已有规划的按照规划规模和标准建设或补偿；没有规划的与现状衔接。如《国务院南水北调办、交通部关于进一步做好南水北调工程建设与公路交通工程建设协调工作的通知》（国调办投计〔2007〕94号，2007年8月15日）规定了对已建和在建且符合国家基本建设程序、建设手续完备的公路工程项目，按批准的工程建设规模和标准建设跨渠桥梁及引线，其投资纳入南水北调东、中线一期工程；对于在国务院南水北调办、国家发展和改革委、水利部联合发布《关于严格控制南水北调中、东线第一期工程输水干线征地范围内基本建设和人口增长的通知》（国调办环移〔2003〕7号）之前已经批复了公路建设规划和可行性研究报告但目前尚未开工建设的公路工程项目，按规划规模和标准建设跨渠桥梁及引线，其投资计入南水北调东、中线一期工程；南水北调工程对已建和在建且符合国家基本建设程序、建设手续完备的公路工程项目进行改线的跨渠桥梁及引线，按照现行技术标准进行改建、修复或给予相应经济补偿；对于在国务院南水北调办、国家发展和改革委、水利部联合发布《关于严格控制南水北调中、东线第一期工程输水干线征地范围内基本建设和人口增长的通知》（国调办环移〔2003〕7号）发布之前已批复了公路建设规划但目前尚未开工建设的公路项目进行改线的跨渠桥梁及引线，应按照规划规模和标准建设或给予相应经济补偿，其投资计入南水北调东、中线一期工程。

《国务院南水北调办、国家电网公司关于进一步做好南水北调工程永久、临时供（用）电工程建设及电力专项设施迁建协调工作的通知》（国调办投计〔2008〕28号，2008年2月20日）规定了南水北调工程电力设施迁建初步设计方案应满足现行电网设计和运行标准，概算编制执行现行电力行业标准。

国务院南水北调办、交通运输部、国家发展和改革委、财政部《关于南水北调工程跨渠桥梁建设与管理有关意见的函》（国调办建管函〔2008〕31号，2008年6月13日）规定了对于尚未开工的南水北调工程跨渠桥梁，可由南水北调工程项目法人按照批复的概算投资规模，一次性补偿给所在行政区域省级政府，省级政府转交省级交通主管部门，由其按照规划包干使用，具体负责组织设计、建设、验收和养护管理工作的落实。这样便于交通部门统筹规划和建设。

第三节　压矿补偿政策

压覆矿产资源是指在当前技术经济条件下，因建设项目实施后导致的矿产资源不能开发利用的情况。压矿补偿是指建设单位在实施建设项目过程中遇到压覆矿产资源时应对其矿业权人给予相应的补偿。矿产资源储量有限，且不可再生，当前我国矿产资源供需形势更是日益严峻，在此情况下，国家和各省（自治区、直辖市）纷纷出台了相关政策规定，一方面加强保护、优化开发利用；另一方面对于建设项目压覆矿产资源的情况要严格审批。

一、国家政策

建设项目压覆矿产资源，实质上涉及对于矿产资源的处置，应当依法得到地质矿产行政主管部门的许可。如《中华人民共和国矿产资源法》（中华人民共和国主席令第74号，1996年8月29日）规定了在建设各类建设项目之前，建设单位须向所在省级地质矿产主管部门了解所在地区的矿产资源分布和开采情况。非经国务院授权的部门批准，不得压覆重要矿床。《国土资源部关于进一步做好建设项目压覆重要矿产资源审批管理工作的通知》（国土资发〔2010〕137号，2010年9月8日）规定，凡建设项目未经批准，不得压覆重要矿产资源。

对于重点建设项目确需压覆矿产资源的，国家规定了必须加强管理、严格审批。如《关于规范建设项目压覆矿产资源审批工作的通知》（国土资发〔2000〕386号，2000年12月8日）规定，需要压覆重要矿产资源、非重要矿产资源的建设项目，在建设项目可行性研究阶段，均应提出压矿申请，分别由省级国土资源主管部门、县级以上地矿主管部门审查，出具相关证明材料或评估报告，分别报国土资源部、省级国土资源主管部门批准；《国土资源部关于进一步做好建设项目压覆重要矿产资源审批管理工作的通知》规定，凡因建设项目的实施，导致一定范围内已查明的矿产资源不能开发利用的，都应按本通知规定报国土资源主管部门审批。

关于建设项目压覆矿产资源的审批，《国土资源部关于进一步做好建设项目压覆重要矿产资源审批管理工作的通知》规定了应当遵循的4条原则：一是符合国家法律法规、产业政策；二是要提高矿产资源保障能力，避免或减少压覆重要矿产资源；三是要保障建设项目顺利进行；四是维护矿业权人合法权益。《中华人民共和国物权法》规定，矿业权属于用益物权。矿业权人拥有占有、使用、收益的权利。所有权人不得干涉用益物权人行使权利，第三人更不得侵犯用益物权人的权利。压覆矿产资源的行为直接导致矿业权人无法开采矿产资源，矿业权人有权索取赔偿。

建设项目压覆矿产资源的特殊情况，《国土资源部关于进一步做好建设项目压覆重要矿产资源审批管理工作的通知》规定，建设项目压覆区与勘查区块范围或矿区范围重叠但不影响矿产资源正常勘查开采的，不作压覆处理；矿山企业在本矿区范围内的建设项目压覆矿产资源不需审批。炼焦用煤、富铁矿、铬铁矿、富铜矿以及钨、锡、锑、稀土、钼、铌钽、钾盐、金刚石矿产资源储量规模在中型以上的矿区原则上不得压覆，但国务院批准的或国务院组成部门按照国家产业政策批准的国家重大建设项目除外。

国家对于建设项目压覆矿产资源情况下如何处理建设单位与矿业权人双方利益关系，也有明确的政策规定。如《关于规范建设项目压覆矿产资源审批工作的通知》（国土资发〔2000〕386号，2000年12月8日）规定，经批准可压覆矿产资源的建设项目，在其范围内有采矿权的，应按国家有关规定，由建设单位与采矿权人签订补偿协议并报批准压覆的部门备案；《国土资源部关于进一步做好建设项目压覆重要矿产资源审批管理工作的通知》确定了相关直接损失的补偿原则，即：建设项目压覆已设置矿业权矿产资源的，新的土地使用权人还应同时与矿业权人签订协议，协议应包括矿业权人同意放弃被压覆矿区范围及相关补偿内容。补偿的范围原则上应包括：矿业权人被压覆资源储量在当前市场条件下所应缴的价款（无偿取得的除外），所压覆的矿产资源分担的勘查投资、已建的开采设施投入和搬迁相应设施等直接损失。

二、地方政策

南水北调沿线各省（直辖市）对于建设项目压覆矿产资源的情况，大都突出了保护为主的原则，规定了建设项目选址应避免压覆或尽量减少压覆矿产资

源。如《河北省国土资源厅建设项目压覆矿产资源管理办法》（冀国土资发〔2011〕41号，2011年6月7日）规定，建设项目评估范围内有矿业权的，建设单位应与矿业权人签订协议。涉及补偿和有偿的依照国土资源部《关于进一步做好建设项目压覆重要矿产资源审批管理工作的通知》和有关规定执行；《山东省国土资源厅关于进一步规范建设项目压覆矿产资源管理工作的通知》（鲁国土资发〔2007〕66号，2007年2月12日）特别规定，建设项目压覆矿产资源涉及探矿权、采矿权的，建设单位和矿业权人双方要签订同意压覆矿产资源的协议或由矿业权人出具同意压矿的书面材料，未达成一致的，不予审批。

三、南水北调工程压矿补偿政策

国务院南水北调办商国务院有关部门，针对南水北调中线总干渠压覆矿产资源影响问题专门印发了《关于南水北调中线总干渠压覆矿产影响问题处理原则等有关事宜的通知》（国调办征地〔2009〕195号，2009年10月28日），明确了中线工程总干渠压覆矿产资源影响问题的处理原则。

关于中线一期工程压覆煤矿区影响补偿范围，明确依照国务院批准的南水北调中线一期总体可行性研究报告有关规定执行，即根据总干渠占压煤矿补偿评审会意见，对于开采区许可证在2003年10月颁发停建令之前领取，到2003年10月仍未到期且经核实为有效开采许可证件的压覆或影响矿产企业考虑予以补偿。

关于压覆煤矿区影响处理补偿原则，也依照国务院批准的南水北调中线一期总体可行性研究报告有关规定执行，即“按照压覆或影响矿产企业直接损失补偿的原则进行补偿。对于压覆矿产企业，直接损失指压占部分企业取得开采权的合理成本的应分摊值；对于影响矿产企业，直接损失包括影响企业开采部分的固定资源（有形资产）和开采权（无形资产）的损失，有形资产的损失按照房屋建筑物、附属物、井巷设施、设备等的净现值进行补偿，开采权的补偿按照影响部分占压企业取得开采权的合理成本的应分摊值进行补偿”。

关于影响的其他矿产资源，比如中线总干渠压覆的石灰石、黏土砖等煤矿以外其他矿企业影响问题的处理，须按照国家现行政策法规，逐一梳理，对不符合国家政策法规规定的煤矿以外的压覆影响矿企，一概不纳入补偿范围；对符合国家政策法规规定的，比照总体可行性研究报告明确的补偿原则处理。

《国务院南水北调办公室关于南水北调中线总干渠压覆矿产影响问题处理

原则等有关事宜的通知》规定了在压矿问题处理中，应比照专项设施迁建处理程序，在深入工作的基础上，抓紧组织编制补偿方案，整体审查，并按审查后的概算抓紧执行。

第四节 文物保护政策

文物保护指的是对具有历史价值、文化价值、科学价值的历史遗留物采取的一系列防止其受到损害的措施。文物保护对于保护遗产、传承文明、维护世界文化多样性和创造性、促进人类共同发展具有重大现实意义，同时对于复原和研究历史具有重大作用。

一、普适性政策

（一）《中华人民共和国文物保护法》（中华人民共和国主席令第84号，2007年12月29日）

该法主要规定如下：

（1）文物保护单位的保护范围不得进行其他建设工程或者可能影响文物保护单位安全或环境的爆破等作业，以及特殊情况下进行建设活动需履行的审批程序等。

（2）文物保护单位建设控制地带内进行建设活动不得破坏文物单位的历史风貌，且工程设计方案必须按程序报批。

（3）建设工程选址应当尽可能避开不可移动文物；因特殊情况不能避开的，对文物保护单位应当尽可能实施原址保护。实施原址保护的，建设单位应当事先确定保护措施，根据文物保护单位的级别报相应的文物行政部门批准，并将保护措施列入可行性研究报告或者设计任务书中。无法实施原址保护，必须迁移异地保护或者拆除的，应当报省级人民政府批准；迁移或者拆除省级文物保护单位的，批准前须征得国务院文物行政部门同意。全国重点文物保护单位不得拆除；需要迁移的，须由省、自治区、直辖市人民政府报国务院批准。原址保护、迁移、拆除所需费用，由建设单位列入建设工程预算。

（4）不可移动文物已经全部毁坏的，应当实施遗址保护，不得在原址重建。但是，因特殊情况需要在原址重建的，由省（自治区、直辖市）人民政府文物行政部门报省（自治区、直辖市）人民政府批准；全国重点文物保护单位需要在原址重建的，由省（自治区、直辖市）人民政府报国务院批准。进行大型基本建设工程，建设单位应当事先报请省（自治区、直辖市）人民政府文物行政部门组织从事考古发掘的单位在工程范围内有可能埋藏文物的地方进行考古调查、勘探。

（5）需要配合建设工程进行的考古发掘工作，应当由省（自治区、直辖市）文物行政部门在勘探工作的基础上提出发掘计划，报国务院文物行政部门批准。国务院文物行政部门在批准前，应当征求社会科学研究机构及其他科研机构和有关专家的意见。确因建设工期紧迫或者有自然破坏危险，对古文化遗址、古墓葬急需进行抢救发掘的，由省（自治区、直辖市）人民政府文物行政部门组织发掘，并同时补办审批手续。

（6）凡因进行基本建设和生产建设需要的考古调查、勘探、发掘，所需费用由建设单位列入建设工程预算。

（7）在进行建设工程或者在农业生产中，任何单位或者个人发现文物，应当保护现场，立即报告当地文物行政部门，文物行政部门接到报告后，如无特殊情况，应当在24小时内赶赴现场，并在7日内提出处理意见。文物行政部门可以报请当地人民政府通知公安机关协助保护现场；发现重要文物的，应当立即上报国务院文物行政部门，国务院文物行政部门应当在接到报告后15日内提出处理意见。

（二）《中华人民共和国文物保护法实施条例》（国务院令第377号，2003年5月18日）

该条例对文物保护单位的保护范围和建设控制地带及其划定进行了明确注释和规定，同时明确了配合建设工程进行的考古调查、勘探、发掘的组织实施主管部门，规定了建设单位对配合建设工程进行的考古调查、勘探、发掘，应当予以协助，不得妨碍考古调查、勘探、发掘。

（三）《关于加强基本建设工程中考古发掘工作的指导意见》（文保发〔2006〕42号，2007年1月16日）

该意见明确了工程建设的“项目建议书”“可行性研究”“初步设计”“实施前”等各阶段考古工作的主要工作程序，规定了考古发掘工作的验收程序、验收内容以及待考古工地验收工作结束后，省级文物行政部门应组织专家根据考古发掘结果，评估建设工程对文物的影响，研究提出对工程建设项目的意见。

（四）《大中型水利水电工程建设征地补偿和移民安置条例》（国务院令第471号，2006年7月7日）

该条例规定了对工程占地和淹没区内的文物，应当查清分布，确认保护价值，坚持保护为主、抢救第一的方针，实行重点保护、重点发掘。

二、南水北调工程文物保护政策

（一）国务院南水北调工程建设委员会《南水北调工程建设征地补偿和移民安置暂行办法》（国调委发〔2005〕1号，2005年1月27日）

该办法规定对工程占地和淹没区的文物，要按照保护为主、抢救第一、合理利用、加强管理的方针，制定保护方案，并纳入移民安置规划。省级主管部门与省级文物主管部门签订工作协议，按照协议组织实施文物保护方案。省级文物主管部门组织编制文物保护计划并纳入征地补偿和移民安置计划。在工程建设过程中新发现的文物，按照有关法律规定处理。省级文物主管部门应建立考库发掘考古发掘和文物迁建档案，并将有关资料整理公布。

（二）国务院南水北调办《南水北调工程建设征地补偿和移民安置资金管理办法》（国调办经财〔2005〕39号，2005年6月15日）

该办法规定征地移民中的文物保护项目由省级主管部门与省（直辖市）文物主管部门签订文物保护投资包干协议。

（三）国家文物局、国务院南水北调办《南水北调东、中线一期工程文物保护管理办法》（文物保发〔2008〕8号，2008年2月4日）

该办法规定省级文物行政部门是本辖区南水北调工程文物保护工作的责任主体，具体负责文物保护工作的组织实施与管理。省级征地移民主管部门和项目法人等配合做好南水北调工程文物保护工作。

省级文物行政部门在组织实施考古发掘项目的过程中，可根据项目实际情况，对少数项目的工作量予以调整，调整结果须报省级征地移民主管部门、项目法人和国家文物局备案。

省级文物行政部门应会同省级征地移民主管部门对本辖区内的南水北调工程文物保护项目进行验收。验收工作应包括项目完成情况、经费使用情况等。

在工程建设过程中发现文物，施工单位应按照《中华人民共和国文物保护法》的规定，做好现场保护工作，相关责任人要及时将有关情况分别向省文物行政部门和项目法人报告，协商文物保护措施。发现重要文物时，省级文物行政部门应及时向国家文物局报告。

（四）《南水北调工程建设文物保护资金管理办法》（文物保发〔2008〕8号，2008年2月13日）

该办法规定文物保护资金管理遵循责权统一、计划管理、专款专用、包干使用的原则。文物保护资金实行包干使用，由省级征地移民主管部门与省级文物行政部门签订文物保护协议。文物保护项目实施中，在不突破包干资金的前提下，确因项目变更需调整资金的，由省级文物行政部门会同省级征地移民主管部门审批后实施，并报项目法人、国务院南水北调办和国家文物局备案。

各省（直辖市）全部完成本辖区内南水北调工程建设文物保护任务后，包干结余资金应用于南水北调工程文物保护后续工作。

各级文物行政部门、各文物项目承担单位应确保文物保护资金专项用于南水北调工程文物保护工作，任何部门、单位和个人不得截留、挤占、挪用文物保护资金，不得超标准、超规模使用文物保护资金。

（五）《国务院南水北调办关于南水北调工程文物保护资金管理有关问题的通知》（国调办环移〔2005〕110号，2005年12月13日）

该通知明确规定项目法人、省征地移民主管部门与省文物部门应按资金计划下达的全额实行包干。项目法人、省征地移民主管部门均不提取管理费，不预留不可预见费。

（六）《河南省南水北调中线工程文物保护工作暂行管理办法》（豫文物〔2005〕165号，2005年7月28日）

该办法规定：河南省文物管理局负责河南省境内南水北调中线工程文物抢救保护管理工作，接受国家文物局的业务指导、监督。经费管理上接受国家审计部门和移民部门的审计、监督。

河南省文物管理局南水北调文物保护工作领导小组，领导河南省南水北调中线工程文物保护工作。领导小组下设南水北调文物保护办公室，具体负责项目规划、资金管理、对外协调；编制年度计划、拟定项目协议、检查项目进度、委托项目监理、按协议拨付项目经费；组织项目验收、组织出土文物和文物构件移交；指定文物暂存单位；进行资料建档、汇总出版、成果展示、新闻发布等工作。

南水北调建设、管理部门参与南水北调中线工程文物保护工作的协调。工程涉及区域内的沿线各级政府和有关部门要支持南水北调中线工程文物保护工作，负责协调辖区内南水北调中线工程文物保护工作过程中的各种工作关系，为南水北调中线工程文物保护顺利实施创造条件。做好南水北调中线工程建设中的文物安全工作。

（七）《湖北省南水北调中线工程文物保护管理暂行办法》（鄂文物综〔2006〕117号，2006年9月15日）

该办法规定：湖北省南水北调中线工程的文物保护与抢救工作，在国务院南水北调办和国家文物局的领导下，由湖北省文物事业管理局具体负责，并接受国家文物局的业务指导和监督。湖北省文物事业管理局依法对湖北省南水北调中线工程地下文物和地面文物行使保护、管理权。省移民局与省文物事业管理局签订南水北调中线丹江口水库大坝加高工程库区文物保护包干协议。

湖北省文物事业管理局南水北调中线工程文物保护领导小组，负责领导湖北省南水北调中线工程文物保护工作。领导小组下设办公室，具体负责湖北省南水北调中线工程地下文物抢救性考古发掘和地面文物保护工作的组织实施和管理。负责编制项目年度计划、进行资金管理；签订项目协议、协调安排队伍；检查项目进度、监督项目执行；确定文物暂存移交单位、组织项目验收与相关审计；统一组织地下和地面文物保护成果的出版；资料建档管理及对外宣传、展示、新闻发布等工作。

各级地方政府和文物主管部门应支持南水北调中线工程的文物保护与考古发掘工作，为各工作单位提供便利条件，任何机构、单位与个人，不得借故扣压文物，阻挠文物保护与科学研究工作。

第七章

投 资 控 制

南水北调工程建设投资实行“静态控制、动态管理”的管理模式。静态控制是指国家项目法人以静态投资为依据，通过采取设计优化、完善概算结构、组织编报项目管理预算、科学组织施工、加强项目建设管理等措施，将工程建设投资控制在各设计单元工程静态投资总和的范围内。动态管理是指项目法人对工程实施过程中的建设期贷款利息以及因价格、国家政策调整（含税费、建设期贷款利息、汇率等）和设计变更等因素变化发生超出原批准静态投资的投资，通过逐年编报年度价差报告、据实计列建设期贷款利息投资、严格设计变更管理等措施，对动态投资进行有效管理。

南水北调工程征迁投资与工程建设不同，不实行“静控动管”，而是实行包干责任制，通过项目法人和各省级人民政府签订征地移民包干协议，实行任务投资双包干。通过事先审批、事中包干管理、事后监管，实现征迁投资控制。其中事先审批主要指严格的规划设计、实施方案审查审批制度；事中包干管理主要是指征迁工作实行投资和任务双包干责任制、严格控制预备费的使用审批以及加强资金管理等；事后监管主要指对实施情况进行严格的审计、稽查、整改制度。

第一节 征地拆迁设计审查

征地拆迁安置规划设计是实施征地迁占、搬迁安置的依据和蓝图。征地拆迁设计审查是实现投资控制的源头，唯有从源头上控制好征地拆迁补偿投资的总盘子，才能够真正做好投资控制。征地拆迁设计审查主要包括两个阶段：一是初步设计阶段的审查；二是实施方案编制阶段审查。

一、初步设计阶段审查

本阶段审查的主要目的是通过组织征地移民专业的专家对征地拆迁安置进行技术把关，在严格把控征迁投资的基础上，完成全部征地拆迁安置任务，确保征迁安置方案技术可行、经济合理、避免资金浪费。

（1）优化设计减少永久征地。如通过审查，在不影响工程建设目标实现的前提下将大部分永久弃土区改为弃土区临时用地，既保护了有限的土地资源，又节省了征迁投资。

（2）宏观把控地上附着物数量。如通过审查，对一定土地面积内的机井数量明显超出合理值、一定土地面积内按单棵进行补偿的林木数量明显超过合理值等要求重新复核确认，防止人为放宽实物指标的问题。

（3）严格执行“三原”原则。在当前的国情和国家经济实力下，对企事业单位、城（集）镇、专项设施迁建来说，“三原”原则仍然是一项不可缺少的重要原则，其重点是将复建移民工程的规模和标准控制在规范值上下限之间的合理区间，避免地方政府盲目的“做大做强”和资源浪费、甚至投资超支导致工程项目的失败。此外，专业项目在实施过程中可以充分调动相关部门的力量和资源，确保迁建符合发展需求。随着国家政策和行业规范的完善以及经济的发展，“原规模、原标准、恢复原有功能”的“三原”原则并非完全按照拆迁安置前的规模和标准建设，而是重在恢复原有功能，对部分复建工程的建设规模和标准作出适宜程度的提高。

（4）合理计列有关税费，按照国家明确规定，计列耕地占用税、耕地开垦费、森林植被恢复费、新菜地开发建设基金四种项税费，并按国家规定的应予减免情况予以减免，如农村灌排用地，不计列耕地开垦费，港口航道用地、耕地占用税减按每平方米 2 元征收等。

二、实施阶段审查

本阶段的审查主要是在批复的初步设计概算（含预备费）内，将征地拆迁安置涉及的各项任务落到实处，付诸实施。这一阶段的重点是确保方案具有可靠性和可操作性，征迁投资尽量控制在初步设计批复范围内，对专业项目投资坚持“三原”原则，对移民搬迁补偿进行适当倾斜。

（1）优化设计减少临时用地。临时用地在初步设计阶段一般仅仅是给出指标，到实施阶段后会得到进一步落实。通过审查，在可能的情况下尽量避免临时占用优质良田，可将临时用地结合现场情况选在荒地、废弃沟、渠、坑等处，避免土地资源浪费，节省补偿投资，减少今后土地复垦任务。

（2）实行限额设计。限额设计管理手段有利于实现对投资限额的控制与管理，也有利于实现对设计规模、设计标准、工程数量与概预算指标等的控制。专项设施、企事业单位、城（集）镇迁建绝大多数要实现限额设计，确保投资不突不破，对于其超出《水利水电工程建设征地移民安置规划设计规范》要求和标准的项目，必须要考虑由地方合理分摊投资。

（3）加强实施规划的变更管理。实施规划变更引起投资变化需有效控制。一是要求尽量严格执行原批复方案，减少变更；二是尽量选择增加投资少的变更设计方案；三是要求各县（市、区）发生的一般设计变更所增加的投资，应首先在该设计单元工程内解决，不足的在该县征迁投资内调剂使用，不得突破批复概算。

第二节　征地拆迁资金管理

国务院南水北调办《南水北调工程建设征地补偿和移民安置资金管理办法》（试行）（国调办经财〔2005〕39号，2005年6月8日）明确征地移民资金（干线工程征迁安置资金，下同）是南水北调主体工程建设资金的组成部分，由南水北调主体工程项目法人统一负责筹集。征地移民资金按照国务院确定的“国务院南水北调工程建设委员会领导、省级人民政府负责、县为基础、项目法人参与”的南水北调工程征地移民管理体制，各级主管部门和各项目法人各司其职、各负其责，加强征地移民资金管理，遵循责权统一、计划管理、专款专用、包干使用的原则。

一、征地拆迁资金管理实行包干制

征地拆迁资金实行与征地拆迁任务相对应的包干使用制度。征地拆迁资金包干数额按照国家核定的初步设计概算确定。除国家已批准的因政策调整、不可抗力等因素引起的投资增加外，不得突破包干数额。项目法人与省级主管部门签订征地拆迁投资包干总协议或单项、设计单元工程征地拆迁投资包干协议。

征地拆迁中的中央和军队所属的工业企业或专项设施（简称非地方项目）的迁建，由项目法人与非地方项目迁建单位签订迁建投资包干协议。项目法人委托给省级主管部门实施的非地方项目，则由省级主管部门与非地方项目迁建单位签订迁建投资包干协议。非地方项目在征地拆迁投资包干协议中应予以明确。征地拆迁中的文物保护项目由省级主管部门与省级文物主管部门签订文物保护投资包干协议。

征地拆迁投资包干协议中必须明确规定的内容有：征地拆迁任务的具体内容；征地拆迁工作的进度要求；征地拆迁资金包干额度和费用组成；征地拆迁资金拨（支）付方式；双方的责任、权利和义务。

直接费用由省级主管部门和项目迁建单位包干使用，其他费用按照“谁组织，谁负责”的原则，由省级主管部门、项目法人按各自职责和承担的工作量分块包干使用，具体划分比例在签订投资包干协议时确定。

预备费按照征地拆迁任务（包括非地方项目迁建）分配额度，可考虑特殊因素作适当调整。由项目法人组织实施的非地方项目，其预备费随年度征地拆迁投资计划匹配下达的比例不超过规定比例时，由项目法人审批并报国务院南水北调办备案；需动用其余预备费的，由项目法人提出申请，报国务院南水北调办审批。

有关税费由项目法人按已批准的征地拆迁投资概算中核定的金额支付给省级主管部门和非地方项目迁建单位，省级主管部门和非地方项目迁建单位按规定缴纳给有关部门或单位。

省级主管部门、项目法人应根据征地拆迁包干协议确定的工作内容及地方国土资源等部门参与征地拆迁工作的职责和工作量合理安排有关费用。

二、预备费管理

预备费按照征地拆迁任务（包括非地方项目迁建）分配额度，并考虑特殊因素作适当调整。

南水北调东、中线一期工程干线50%的预备费随年度征地拆迁投资计划匹配下达，如需动用预备费，由省级主管部门审批，并经项目法人报国务院南水北调办备案；如需动用其余50%预备费，省级主管部门应提出书面申请，由项目法人审核后报国务院南水北调办审批。

由项目法人组织实施的非地方项目，其预备费随年度征地拆迁投资计划匹配下达的比例执行。需动用随年度投资计划匹配下达预备费的，由项目法人审批并报国务院南水北调办备案；需动用其余预备费的，由项目法人提出申请，报国务院南水北调办审批。

为提高预备费使用的时效性，国务院南水北调办《关于调整南水北调工程征地移民国控预备费审批事项的通知》（国调办征移〔2015〕115号）规定，原由国务院南水北调办负责审批的征地移民国控预备费，其中由地方政府负责实施的，调整为由省级主管部门负责审批，报项目法人备案；由项目法人负责实施的，现调整为由项目法人自行审批。

三、征地拆迁资金计划管理

南水北调工程年度征地拆迁投资计划依据经批准的初步设计阶段征地拆迁规划及投资概算、征迁安置实施方案、南水北调工程项目开工及建设进度的要求进行编制，并纳入南水北调工程建设年度投资计划，内容应包括农村征地补偿和征迁安置、城（集）镇迁建、企事业单位和专项设施迁建、防护工程、库底清理和文物保护等的规模和投资。

省级主管部门会同项目法人编制年度征地拆迁投资计划（包括受项目法人委托的非地方项目投资计划），项目法人组织编制非地方项目年度征迁安置投资计划，并由项目法人汇总后一并报国务院南水北调办。

根据国家发展和改革委下达的年度投资计划，国务院南水北调办将年度征地拆迁计划下达项目法人。

依据已签订的征地拆迁投资包干协议和征地拆迁工作进度，项目法人将年度征地拆迁投资计划分解到省级主管部门和非地方项目迁建单位。省级主管部门和非地方项目迁建单位依据分解的年度征地拆迁投资计划，结合工程建设进展情况和相关协议，进行计划的实施。

各级主管部门、各项目法人、非地方项目迁建单位和相关单位应维护年度征地拆迁投资计划的严肃性，不得擅自调整。确需调整的，省级主管部门负责的项目由省级主管部门提出调整意见，非地方项目由项目实施单位提出调整意见，由项目法人按原程序报批。

省级以下各级主管部门应及时统计计划执行情况，逐级定期报送给上一级主管部门。省级主管部门负责汇总统计资料并经项目法人报国务院南水北调办。

四、征地拆迁资金财务管理

南水北调工程各级主管部门、各项目法人应按其职责负责征迁安置资金的财务管理，设立专门的财务管理机构或配备会计人员，建立完善的财务内控制度，加强票据、印章管理，实行会计、出纳分设，严格资金收支程序，严肃财务纪律，严禁设立小金库。项目法人应依据征地拆迁投资包干协议，按照批准下达的年度征地拆迁投资计划和征地拆迁工作进度，及时将资金支付给省级主管部门、非地方项目迁建单位。

省级主管部门按年度征地拆迁投资计划和征地拆迁工作进度，及时向下级主管部门拨付资金，并按规定及时向有关部门或单位缴纳有关税费。各级主管部门、各项目法人应在一家国有或国家控股商业银行开设征地拆迁资金专用账户，专门用于征地拆迁资金的管理。

省级主管部门、各项目法人开设、变更、撤销银行账户应报国务院南水北调办备案，省级以下主管部门开设、变更、撤销银行账户应报省级主管部门备案。各级主管部门、各项目法人应确保征地拆迁资金专项用于南水北调工程征地拆迁工作，任何部门、单位和个人不得截留、挤占、挪用征地拆迁资金。各级主管部门、各项目法人应严格执行经批准的征地拆迁规划及征迁安置实施方案，不得超标准、超规模使用征地拆迁资金。

各级主管部门、各项目法人应设置专门的会计账簿核算征地拆迁资金，执行统一的会计制度，应按规定向上一级主管部门报送财务报告。项目法人对省级主管部门和非地方项目迁建单位的财务报告汇总后上报国务院南水北调办。省级主管部门在单项、设计单元工程完工后，审核汇总并向项目法人报送该工程项目的征地拆迁资金财务决算报告，项目法人对省级主管部门和非地方项目迁建单位的财务决算报告汇总后上报国务院南水北调办。

各级主管部门、各项目法人的征地拆迁资金形成的银行存款利息收入，应用于征地拆迁工作，不得挪作他用。

五、征地拆迁资金监督管理

主管部门开展内部审计和检查，定期向本级人民政府、上级主管部门报告征地拆迁资金使用情况。省级主管部门、项目法人应对征地拆迁资金及时到位、使用和管理情况等进行监督检查；各级主管部门、项目法人及非地方项目迁建单位接受国务院南水北调办对征地拆迁资金及时到位、使用和管理情况等的监督检查和稽查；各级主管部门、项目法人及非地方项目迁建单位有义务接受审计、监察和财政部门依法对征地拆迁资金进行审计、监察和监督，并按要求及时提供有关资料。

对征地拆迁的调查、补偿、安置、资金兑付等情况，以村或居委会为单位及时张榜公布，接受群众监督。对监督检查、稽查、审计和监察中发现的问题，责任单位应及时整改。违反规定，截留、挤占、挪用征迁安置资金的单位，应依法给予行政处罚；对直接负责的主管领导和责任人，应依据相关法律、法规和规章追究其法律责任，构成犯罪的，应依法追究其刑事责任。

六、征地拆迁结余资金管理

征地拆迁资金结余是指在征地拆迁项目完工财务决算后，已批准的征地拆迁总投资（含经批准追加的投资）及相应的利息收入等与总支出（含尾工投资）的差额。

根据《关于加强南水北调工程征地移民资金结余使用管理的通知》（国调办经财〔2013〕122号，2013年5月22日）规定，各省（直辖市）负责实施的征地拆迁项目资金结余由省级征地移民主管部门统筹管理，经省级人民政府审批或由省级人民政府授权相关部门审批后，可调剂使用。项目法人直接负责实施的征地移民项目资金结余由项目法人统筹管理。

征地拆迁资金实行专款专用原则，资金结余继续用于南水北调工程征地拆迁遗留问题处理及后续工作。

各单位应加强征地拆迁资金结余使用的财务管理，严格按照规定程序办理，资金支付必须依据准确、手续完备、审查严格，确保资金使用规范、安全。各单位应加强监督检查，发现问题及时处理，并主动接受财政、审计、监察等部门的监督。对截留、挪用资金结余的单位和个人，要依法进行处罚，并追究相关责任人员的责任。

《江苏省南水北调工程征地补偿和移民安置资金财务管理办法》（试行）（苏调办〔2005〕39号，2005年11月10日）规定征地拆迁安置工作结束后，结余资金必须全部用于改善、提高移民的生产、生活条件。

山东省南水北调工程建设管理局《关于进一步落实征地移民任务及投资包干协议的通知》（鲁调水征字〔2013〕88号）规定各县（市、区）在完成全部征地拆迁实施方案、临时用地复垦方案及征迁遗留问题等内容后，因征地拆迁资金产生的利息、征迁专项招标或实施中的变化等造成部分征地拆迁资金结余的，可继续用于本县（市、区）南水北调工程征地拆迁遗留问题处理及后续工作，征地拆迁结余资金的使用方案应报省南水北调工程建设管理局批准，根据需要组织专家评审。

第三节　征地拆迁资金审计稽查

征地拆迁安置政策性强、资金量大，深受社会关注、公众关心。在南水北调干线工程实施期间，国家审计署组织了对南水北调工程建设和征迁安置工作的2次全面审计，国家发展和改革委等单位已组织了2次稽查，国务院南水北调办每年都组织对南水北调工程征迁安置工作的审计。通过审计稽查，达到了及时发现问题并整改到位、确保群众利益不受侵害的目的，同时避免了补偿资金浪费、提高了资金的使用效率，是实现投资控制的重要手段，有助于实现征地拆迁投资总体可控、使用合理、管理规范。

一、审计稽查的重点

（1）审查征迁实施是否符合政策和相关程序规定。认真执行国家关于征地移民的政策法规、严格履行有关审批程序和实施管理程序是实现投资控制的前提。政策方面主要审查是否严格执行《大中型水利水电工程征地补偿和移民安置条例》《南水北调工程建设征地补偿和移民安置暂行办法》《南水北调工程建设征地补偿和移民安置资金管理办法》《南水北调工程征地移民资金会计核算办法》等征地补偿政策和管理办法。程序方面主要审查编制、调整、变更征地移民实施方案是否严格按规定程序履行审批手续；征地移民实施方案是否由省级人民政府或省级南水北调领导机构批复；调整、变更征地移民实施方案突破批复概算投资的，是否按原程序进行报批；实施方案之外新增的遗留问题是否编制了补充实施方案，并且按规定程序报批。

（2）审查征迁补偿资金使用管理是否合法合规。征迁资金管理规范、使用合法合规是实现投资控制的关键。主要审查是否严格执行经批准的概算、实施方案；是否存在超标准、超规模使用征地移民资金；是否存在随意扩大开支范围、实施未经批准的项目等挪用资金行为；征地移民资金是否专项用于南水北调工程征地移民工作，是否依法足额、及时支付土地补偿费、安置补助费、青苗补偿费、有关税费等资金；是否存在截留、克扣、挤占、挪用征地移民资金；村集体补偿资金的使用，是否经村民会议或村民代表会议讨论通过，并及时张榜公布，接受群众监督；村集体补偿资金是否切实用于发展生产和集体公益事业，是否存在随意使用村集体补偿资金，以各种名目挪用、挤占现象；村集体补偿资金是否由报账单位设置专账管理，并及时向县级南水北调工程主管部门报送村集体补偿资金的收支情况；企事业、城（集）镇迁建、专项设施复建项目是否严格执行批复方案或在批复概算内签订了包干协议，实施中是否严格履行基本建设程序，并根据相应行业规程、规范组织实施；符合招标条件的，是否依法履行招标程序，是否依法签订工程施工合同，并严格履行合同约定的责任和义务。

二、审计稽查发现和解决的主要问题

（1）部分设计单元工程设计变更审核不到位。审计稽查中发现有些征地拆

迁设计变更没有或未能及时履行相关程序，如实际支出补偿费用在实施方案中未见或超实施方案预算支付有关费用、征地移民资金兑付与补偿方案不符等，通过审计稽查督导地方完善了相关程序。

（2）实施方案计列补偿项目不符合政策规定。审计稽查发现实施方案中有部分补偿项目不符合国家相关政策规定，如某些国有水利设施用地计列了补偿费、征迁实施时实物量大幅度减少但实施方案未做相应调整等，通过审计稽查依法取消了不符合政策规定的补偿项目，相关资金相应地退回到省级南水北调主管部门。

（3）截留、挪用、出借征地拆迁补偿资金。如个别单位用征地移民资金垫付政府征迁奖励资金，列支了不应在征地移民资金支出方面中列支的行政事业单位人员工资，用村集体征迁资金归还村集体的银行贷款本金及利息，归还村集体借用村民个人的借款及利息，用征地移民资金支付村干部工资、福利、干部活动经费、办公考察费等，以及使用村集体资金用于购买礼品、旅游支出等。通过审计稽查，将这些未合法使用的资金统统退回征迁资金专户，并明确了可使用的范围和用途。

（4）滞留征地补偿款或过渡期生活费发放不及时。如征地补偿款或过渡期生活费长期滞留在乡镇财政专户或村账户，未能及时发放到群众手中，通过审计稽查，督导地方及时完成了补偿款或过渡期生活费兑付或发放工作。

实施管理篇

政策法规篇
总结思考篇
规划设计篇

干线征地拆迁是一项庞杂的系统工作，与库区移民比较，具有战线长、临时用地多、涉及区域广的特点。为确保南水北调东、中线一期工程干线征地拆迁工作顺利开展，各省（直辖市）在实行国务院南水北调工程建设委员会制定的“建委会领导、省级人民政府负责、县为基础、项目法人参与”管理体制基础上，从机构设置、制度建设、管理措施等方面入手，认真研究探索，形成了一套完善的实施管理模式和制度体系；在征地拆迁实施管理过程中，通过投资任务包干协议的签订、实施方案的编制、各类专项实施办法的制定、征迁监理与监测评估单位的监督、征迁安置工作的验收，有效地控制南水北调东、中线一期干线工程征地拆迁工作有序开展，为南水北调东、中线一期工程正式通水提供了保障。

第八章

管理运行体制

南水北调工程是国家特大型跨流域战略性调水工程，东、中线一期工程涉及北京、天津、河北、江苏、安徽、山东、河南、湖北等8个省（直辖市）。为确保南水北调工程的顺利实施，形成有效的工程建设与管理体制的目标，2003年7月，国务院成立国务院南水北调工程建设委员会（简称国务院南水北调建委会），负责协调和决策工程建设与管理的重大问题；2003年8月，国务院设立国务院南水北调工程建设委员会办公室（正部级）（简称国务院南水北调办）。为确保各级有机构办事、有人办事，南水北调沿线各省（直辖市）政府相继成立了省级南水北调领导机构（建设委员会或领导小组或指挥部），并设立了省级南水北调主管部门（征迁主管部门）（简称省级主管部门），部分省份则明确原有机构省移民局或省移民办公室承担南水北调工程征迁职责。随着南水北调工程建设的逐步推进，各省（直辖市）所辖有关市、县也照此逐步建立健全了南水北调领导机构和主管部门。

2005年1月，国务院南水北调建委会发布《南水北调工程建设征地补偿和移民安置暂行办法》（国调委发〔2005〕1号，2005年1月27日），明确南水北调工程建设征地补偿和移民安置工作，实行“国务院南水北调工程建设委员会领导、省级人民政府负责、县为基础、项目法人参与”的管理体制。“国务院南水北调建委会领导”是指由国务院总理或副总理、各有关省级人民政府和国务院部门主要负责人组成的南水北调建委会，负责制定征地移民的重大方针、政策、制度，研究解决重大问题。国务院南水北调建委会下设国务院南水北调办，是国务院南水北调建委会的主管部门，承担组织制定南水北调工程征地移民的管理办法，指导南水北调工程移民安置工作，监督移民安置规划的实施。“省级人民政府负责”是指省级人民政府对南水北调征地移民工作负有领导、监督责任，全面贯彻落实国家南水北调征地移民政策，责成省级主管部门制定本省南水北调征地移民政策标准，制订南水北调各单项工程的实施计划；责成省相关部门办理征地、林地使用手续，搞好文物保护，协调省直部门搞好专项设施迁移工作；研究解决本省内南水北调征地移民重大问题，监督市、县人民政府做好相关工作。“县为基础”指县级人民政府是实施征地移民工作的责任主体，对南水北调工程征地移民工作负有组织、落实责任。地上附着物核查、征地移民实施方案编制、兑付补偿、办理永久征地、临时用地、使用林地手续、征地移民统计、临时用地复垦等工作都以县为单位来开展工作。县级是征地移民工作质量评定的基础单位，也是征地移民县级验收的组织单位。“项目法人参与”指由国务院南水北调建委会批准成立、代表中央政府及各省级人民政府负责组织南水北调工程建设管理并承担向银行贷款和还贷责任的项目法人，必须自始至终参与征迁前期工作、方案制定、地上附着物核查、征地手续的办理、征地移民工程招标、验收等征迁全过程，切实对国家资金负责。

为确保将国家管理体制的要求落到实处，2005 年 4 月，国务院南水北调办与南水北调沿线各省（直辖市）签订了《南水北调主体工程建设征地补偿和移民安置责任书》。2005 年 6 月，国务院南水北调办印发《南水北调工程建设征地补偿和移民安置资金管理办法（试行）》（国调办经财〔2005〕39 号），明确征迁资金实行与征迁任务相对应的包干使用制度。征迁资金包干数额按国家核定的初步设计概算确定。除国家已批准的因政策调整、不可抗力等因素引起的投资增加外，不得突破包干数额。据此，南水北调东、中线一期工程项目法人分别与沿线相关省级主管部门签订了征迁任务和投资包干协议。为层层落实征迁任务并实现投资控制，南水北调东、中线一期工程沿线省、市、县逐级签订了征迁任务和投资包干协议。

第一节　国务院南水北调办与省签订征地拆迁工作责任书

根据国务院南水北调建委会《南水北调工程建设征地补偿和移民安置暂行办法》规定，在南水北调工程征迁实施之初，国务院南水北调办与有关省级人民政府协商签订了征迁安置责任书。

一、责任书基本内容

根据各省（直辖市）征迁情况的复杂程度以及具体实施层面的不同管理模

式，国务院南水北调办与不同省份签订的责任书内容略有不同，但双方承担的责任一般均包括如下内容。

国务院南水北调办承担的责任主要包括：贯彻执行《南水北调工程建设征地补偿和移民安置暂行办法》，制定相关配套制度；审批初步设计阶段的征地补偿和征迁安置规划；协调项目法人与省级主管部门签订征地补偿和征迁安置投资和任务包干协议，并对执行情况进行监督检查；审核下达征地补偿和征迁安置年度投资计划，督促项目法人筹集和支付征地补偿和征迁安置资金；指导、监督征地补偿和征迁安置的监理、监测；对征地补偿和征迁安置的实施进行监督和稽查；组织征地补偿和征迁安置总体验收；及时研究协调各省在征地补偿和征迁安置中提出的有关问题。

省级人民政府承担的责任主要包括如下方面：

（1）贯彻执行《南水北调工程建设征地补偿和移民安置暂行办法》。

（2）制定本行政区域内南水北调工程征地补偿和征迁安置的有关政策和规定，主要包括：土地补偿和安置补助费分解兑付的办法和具体标准、有关优惠政策和管理制度等；确定本行政区域内负责南水北调工程建设征地补偿和征迁安置工作的主管部门。

（3）组织、督促本省有关部门、省级以下人民政府，按照各自职责做好征地补偿和征迁安置相关工作。

1）落实被征地农民和农村群众生产安置所需土地、编制征地补偿和征迁安置实施方案并组织实施、预防和处置征地群体性事件及相关信访工作等。

2）发布工程征地范围确定的通告，控制在征地范围内的迁入人口、新增建设项目、新建住房、新栽树木等。

3）责成省有关部门和省级以下人民政府配合项目法人开展工作，主要包括：工程用地预审和工程用地手续办理、对工程占地（淹没）影响和各种经济损失进行调查、编制初步设计阶段征地补偿和征迁安置规划等。

4）根据国家批准的初步设计阶段征地补偿和征迁安置规划，审批征地补偿和征迁安置实施方案。

5）督促省级主管部门与项目法人、市级人民政府签订征地补偿和征迁安置投资和任务包干协议，监督检查包干协议内征地补偿和征迁安置任务的完成和资金的使用管理。

6）责成省级以下人民政府配合项目法人和省级主管部门开展的征地补偿和征迁安置的监理、监测。

7）组织本行政区域内征地补偿和征迁安置的验收。

8）及时向国务院南水北调办反映征地移民工作中存在的问题。

在南水北调工程征迁工作中，国务院南水北调办与省级人民政府均难以解决的重大问题，双方协商提出处理意见，报国务院南水北调工程建设委员会决定。

二、征迁工作责任书解决的几个关键问题

（1）将征迁关键工作环节职责明确落实到省级人民政府。

（2）协调好项目法人与各省级主管部门的关系。

（3）明确征迁初设规划和实施阶段规划（实施方案）的编制和审批主体。

（4）明确征迁安置需进行的监理、监测工作，并落实了政府的配合职责。

（5）明确各自应组织的征迁验收工作。

第二节　征地拆迁工作责任书的落实

国务院南水北调办与南水北调沿线有关省级人民政府签订征迁工作责任书后，为确保将征迁工作责任层层落实到位，南水北调沿线有关省级人民政府主导，与有关市级人民政府签订了征迁工作责任书，并督导市级人民政府与有关县级人民政府签订了征迁工作责任书。省级与市级一般在本行政区域内首个南水北调项目开工后，省级政府就与所辖各有关市级政府签订了征迁工作责任书；市级与县级一般在本行政区域内首个南水北调项目开工后，市级政府就与所辖各有关县级政府签订了征迁工作责任书。

一、省级与市级人民政府签订征迁工作责任书的主要内容

（一）省级人民政府职责

（1）贯彻执行《南水北调工程建设征地和移民安置暂行办法》，制定省级南水北调工程征地迁占的有关政策和规定，主要包括土地补偿和安置补偿费分解兑付办法和具体标准、有关优惠政策和管理制度等。

（2）根据国家批准的初步设计阶段征地补偿和征迁安置规划，审批征地迁占实施方案。督促省级主管部门与市级人民政府（或市级南水北调征迁主管部门）签订征地迁占任务包干协议，监督检查包干协议内征地迁占任务的完成和资金的使用管理。

（3）组织、督促省级有关部门按照各自职责做好征地迁占相关工作，主要包括地方配套资金落实、工程压矿、地质灾害评估、使用林地可行性研究、文物保护、工程用地预审、办理建设用地及林地使用手续等。

（4）组织南水北调各单元工程征地迁占的验收工作。

（5）对市级人民政府履行职责情况，进行督查通报，并实行责任追究制度。

（6）及时研究协调解决市级在征地迁占工作中提出的有关问题。

（7）责成省级主管部门认真贯彻落实南水北调工程征地迁占的有关法律、法规和政策；编制南水北调各单元工程建设初步设计阶段征地迁占规划；及时拨付征地迁占补偿资金；监督检查补偿资金的兑付和落实。

（二）市级人民政府职责

（1）确定本行政区域内负责南水北调征迁主管部门（简称“市级主管部门”）。发布工程征地范围确定的通告，控制在征地范围内迁入人口、新增建设项目、新建住房、新栽树木等。

（2）组织、督促本市有关部门、市以下人民政府，根据省级主管部门提出的征地迁占时间要求，按照各自职责做好征地迁占相关工作，主要包括：编制征地迁占实施方案并组织实施；落实被征地农民生产安置所需土地；及时进行地上附着物清除及专项设施的迁移，确保工程按时开工。

（3）预防和处置征地迁占群体性事件及相关信访工作，维护工程施工环境，不发生停工事件。按照《南水北调工程建设征地和移民安置暂行办法》等有关规定，征地迁占的调查、补偿、安置、资金兑现等情况，要以村或居委会为单位及时张榜公示，接受群众监督。征地迁占资金要设立专户、专款专用，接受国家的审计、稽查和监督。

（4）与县级人民政府签订《南水北调主体工程征地迁占补偿和施工环境保障责任书》。组织、督促市有关部门、市级以下人民政府，配合省级主管部门对工程占地（淹没）影响和各种经济损失进行调查；对征地迁占工作进行监督、检查。组织本行政区域内征地迁占的验收工作。及时上报建设用地及林地使用手续。

（5）对县级人民政府履行职责情况，进行督查通报，并实行责任追究制度。

（6）及时向省级主管部门反映征地迁占工作中存在的问题。

二、市级与县级人民政府签订征迁工作责任书的主要内容

（一）市级人民政府职责

（1）贯彻执行《南水北调工程建设征地和移民安置暂行办法》和省级南水北调有关政策制度，制定市级南水北调工程征地迁占的有关政策和规定，主要

包括土地补偿和安置补偿费分解兑付办法、具体标准、有关优惠政策和管理制度等。

（2）根据国家批准的初步设计阶段征地补偿和征迁安置规划，组织评审征迁实施方案。监督检查辖区内县级人民政府关于南水北调主体工程建设征地迁占任务的完成和资金使用管理情况。

（3）配合省政府，组织、督促市级有关部门按照各自职责做好征地迁占相关工作，主要包括地方配套资金落实、文物保护、办理建设用地及林地使用手续、施工环境保障、信访维稳等。

（4）配合省级主管部门组织南水北调工程征迁验收工作。

（5）对县级人民政府履行职责情况，进行督查通报，并实行责任追究制度。

（6）及时研究协调解决各县在征地迁占工作中提出的有关问题。

（7）责成市级主管部门认真贯彻落实南水北调工程征地迁占的有关法律、法规和政策；组织编制南水北调工程征迁实施方案；及时拨付征地迁占补偿资金；监督检查补偿资金的兑付和落实。

（二）县级人民政府职责

（1）确定本行政区域内负责南水北调工程建设征地迁占的主管部门。发布工程征地范围确定的通告，控制在征地范围内迁入人口、新增建设项目、新建住房、新栽树木等。

（2）组织、督促县级有关部门、乡（镇）人民政府（或街道办事处），根据市级主管部门提出的征地迁占时间要求，按照各自职责做好征地迁占相关工作，主要包括：编制征地迁占实施方案并组织实施；落实被征地农民生产安置所需土地；及时进行地上附着物清除及专项设施的迁移，确保工程按时开工。

（3）预防和处置征地迁占群体性事件及相关信访工作，维护工程施工环境，不发生停工事件。按照《南水北调工程建设征地和移民安置暂行办法》等有关规定，征地迁占的调查、补偿、安置、资金兑现等情况，要以村或居委会为单位及时张榜公示接受群众监督。征地迁占资金要设立专户、专款专用，接受国家的审计、稽查和监督。

（4）与乡（镇、街道办）签订《南水北调主体工程征地迁占补偿和施工环境保障责任书》。组织、督促县有关部门、乡（镇）人民政府（或街道办事处），配合市级主管部门对工程占地（淹没）影响和各种经济损失进行调查；对征地迁占工作进行监督、检查。组织本行政区域内征地迁占的验收工作。及时组织上报建设用地及林地使用手续。

（5）对乡（镇）人民政府（或街道办事处）履行职责情况，进行督查通报，并实行责任追究制度。

（6）及时向市级主管部门反映征地迁占工作中存在的问题。

第三节　项目法人与省级主管部门投资包干协议的签订

一、项目法人与省级主管部门签订投资包干协议的依据

（一）政策依据

（1）国务院南水北调工程建设委员会《南水北调工程建设征地补偿和移民安置暂行办法》规定：根据安置责任书和征迁安置规划，项目法人与省级主管部门签订征地补偿、征迁安置投资和任务包干协议。国务院南水北调办《南水北调工程建设征地补偿和移民安置资金管理暂行办法》（国调办经财〔2005〕39号）规定，项目法人应与省级主管部门签订征地移民投资包干总协议或单项、设计单元工程征地移民投资包干协议。

（2）根据国务院南水北调工程建设委员会《南水北调工程建设管理的若干意见》（国调委发〔2004〕5号）精神，南水北调工程实行项目法人责任制，控制工程建设投资是项目法人的重要职责，征迁投资是工程建设投资的重要组成部分。按照投资控制的要求，项目法人应与省级主管部门签订征迁任务和投资包干协议。

（二）具体依据

项目法人和省级主管部门签订征迁任务和投资包干协议的具体依据是国务院南水北调办与省级人民政府签订的征迁工作责任书，国家有关部门审批的初步设计阶段征迁安置规划。

二、项目法人与省级主管部门签订投资包干协议的主要内容

（一）征迁安置投资包干总协议

征迁安置任务和投资包干总协议不涉及具体的征迁安置任务及投资概算数额，大多是一些原则性的规定，主要内容包括：征迁工作的管理体制、主管部门和责任主体、征迁安置工作遵循的原则；征迁资金包干使用制度、征迁资金管理的原则、征迁资金投资计划管理和资金拨付；征迁安置文物保护、监理、

监测评估工作的要求；征迁安置接受国家审计、稽查和监督的规定等。

（二）单项或单元工程征迁安置投资包干协议

单项或设计单元工程征迁安置任务和投资包干协议较为具体，主要内容包括：单元工程征迁任务及投资情况；省级主管部门征迁包干资金使用情况；拨款方式；项目法人和省级主管部门各自职责。

（1）征迁任务及投资。工程初步设计国家批复实物量，包括永久征地、临时用地、管理机构征地；拆迁房屋；生活搬迁人口、生产安置人口；迁建城（集）镇、工业企业、村副业、专项设施等。工程建设及施工场地征迁投资概算额度。

（2）征迁包干资金使用。

1）直接费，包括农村安置补偿费、单位复建补偿费、工业企业补偿费和专业项目恢复改建补偿费，由省级主管部门组织补偿兑付。

2）有关税费，由省级主管部门按国家批复的初步设计投资额度支付有关部门。

3）省级主管部门掌握使用的其他费用，其中包括：实施阶段勘测设计费、实施管理费、管理机构开办费、技术培训费。

4）省级主管部门掌握使用一定比例的基本预备费（具体比例按国务院南水北调办《南水北调工程建设征地补偿和移民安置资金管理暂行办法》规定确定）。

5）省级主管部门掌握的城（集）镇、工业企业、村副业、专项设施迁建费用。

6）管理机构征地费，由省级主管部门负责按照初步设计批复的面积完成管理机构占地的征用。

（3）拨款方式。协议签订后，项目法人应将省级主管部门掌握的有关税费和其他费用一次性拨付乙方，其余资金根据工作进度及时拨付省级主管部门。

（4）项目法人职责。主要包括：负责协调省级以上有关部门办理工程用地手续；下达征迁安置工作计划；根据工作进度及时拨付有关资金；会同省级主管部门招标确定征迁安置监理、监测评估单位；配合有关单位对征地补偿和征迁安置工作进行初验和终验；负责监督建管单位、施工单位尽量减少施工对群众的生产生活的影响；规范使用临时用地；接受国务院南水北调办的监督检查。

（5）省级主管部门的职责。主要包括：负责组织土地征收、征用工作，按征迁安置工作计划将工程用地（含管理机构用地）提供给项目法人，并保证工程建设用地需要；负责组织临时用地复垦及退还工作；根据国家批准的初步设计报告，组织编制征迁安置实施方案并实施；负责办理工程建设用地手续；负责项目法人委托的中央和军队所属专项设施、企业单位的迁建工作；做好征迁安置宣传教育和信访工作，预防和避免群体性事件的发生，为工程建设的顺利实施创造良好的外部环境；负责做好干部业务及群众生产技能培训工作；负责与省级文物主管部门签订工作协议，并协调处理有关问题；负责组织征迁自验收，配合有关部门搞好初验和终验工作；负责进行竣工决算，提交竣工决算报告和审计报告，接受相关部门的审计检查。

由于征迁工作不可预见因素较多，包干协议一般约定因国家政策调整造成的征迁资金缺口，由项目法人和省级主管部门共同向国家有关部门反映、争取解决。

第四节　各级政府投资包干协议的签订

项目法人与省级主管部门签订征迁任务和投资包干协议后，为分解落实其中的各项工作任务，省级行政区域内征迁工作相关各方分别签订了包干协议，主要包括省级主管部门与市级人民政府（或主管部门）签订的包干协议；省级主管部门与省级文物部门签订的包干协议；市级与县级签订的包干协议；县级主管部门与相关专业项目单位（或主管部门）签订的包干协议等。

一、省级主管部门与市级人民政府（或主管部门）签订包干协议的主要内容

依据省级与市级人民政府签订的征迁工作责任书、省级主管部门与项目法人签订的包干协议、工程初步设计文件以及国家、省级征迁管理办法等，省级主管部门与市级人民政府（或授权市级主管部门）签订包干协议，主要内容包括征迁任务及投资情况，市级主管部门征迁包干费用组成及使用情况，拨款方式，省级主管部门、市级人民政府（或市级主管部门）双方责任、权利和义务。

（一）征迁任务

（1）农村征迁安置补偿的主要内容。包括：工程永久征地；工程临时用地；生活搬迁人口，生产安置人口；主要地面附着物；村副业迁建补偿；拆迁房屋及附属建筑物；店铺设施补偿；小型水利设施等。

（2）集镇迁建、专业项目复建内容。

（3）国家批复中所包含的征迁安置其他内容。

（二）征迁包干费用组成和使用及拨款方式

1. 费用组成和使用

（1）直接费用。包括农村征迁安置补偿费、专业项目复建等实物量补偿费，以国家批复为准包干使用。

（2）实施管理费、技术培训费。按照分配比例由省级、市级及以下分别包干使用。

（3）管理机构开办费。全部由市级及以下包干使用。

（4）森林植被恢复费、耕地开垦费、耕地占用税以国家批复为准包干使用。

2. 拨款方式

（1）工程征迁实施前，拨付一定比例的实施管理费、管理机构开办费和技术培训费。

（2）其余资金根据国家下达投资计划、征迁安置工作进度及征地手续办理情况及时拨付。

（3）拨款渠道由省级主管部门直接下达给市级主管部门。

（三）省级主管部门、市级人民政府（或市级主管部门）双方责任

1. 省级主管部门的责任

负责下达征迁安置工作计划，提供征地补偿和征迁安置设计及批复文件；组织征迁安置监理、监测评估、勘测定界的招标工作；对征迁安置工作进行指导、培训和监督；及时下达征迁安置资金，对征迁安置包干资金使用情况进行监督检查，配合国家审计、稽查工作；主持实施阶段征迁安置各专项工程变更设计及动用预备费项目审查工作；负责组织设计单元工程征迁安置初步验收；对按时完成征迁安置计划的单位及个人进行表彰奖励，对影响、阻挠工程建设的情况通报批评；协调省有关部门办理征地和林地使用手续；负责牵头做好征迁安置和施工环境保障考核和督查工作。

2. 市级人民政府（或市级主管部门）的责任

负责与县级人民政府（或县级主管部门）签订“征迁安置任务及投资包干协议”，搞好群众宣传教育，发布公告，严禁任何单位和个人在工程征地范围内新增地上附着物，严禁偷土和使用表层土的事件发生，严禁破坏征地界桩和擅自进入施工区；组织审批县级征迁安置实施方案和各专项工程实施方案；责成市级主管部门搞好征迁安置培训工作，做好征迁安置资金管理，及时组织有关部门完成地上附着物清除、专项设施迁移、临时用地复垦、临时用地手续办理等工作，及时交付工程建设用地；组织做好征迁安置各专项工程验收、资料归档，对各个单项工程验收存在的问题督促相关单位及时进行整改；协调相关单位配合做好征迁安置监理、监测评估、勘测定界、征地界桩埋设工作；责成相关单位设立专项账户，专款专用，管好用好征迁安置资金，接受国家的审计、稽查和监督；预防和及时处置征迁安置工作中群体性事件，做好相关工作，维护工程施工环境，不发生停工事件；协调并督促及时办理征地及林地使用手续；接受省对市的征迁安置考核及督查工作。

二、省级主管部门与省级文物部门签订包干协议的主要内容

依据《中华人民共和国文物保护法》和国家文物局、国务院南水北调办《南水北调工程建设文物保护资金管理办法》（文物保发〔2008〕10号）的有关规定及国务院南水北调办批复的南水北调工程项目文物保护方案，省级主管部门与省级文物部门签订工程项目文物保护工作包干协议，主要内容包括：文物保护工作内容；包干经费；资金拨付方式；工期进度要求；省级主管部门和省级文物部门双方责任。

（1）文物保护工作内容。南水北调工程文物保护包含的具体项目；各文物保护项目工作内容分为田野工作、资料整理及保护两部分，田野工作主要是对文物遗址和墓地进行勘探、发掘工作。

（2）包干经费。文物保护经费包括田野费用及室内费用（文物修复与保护、标本鉴定与测试、管理与安全保卫、科学研究等）。根据国务院南水北调办关于文物保护资金管理的规定，文物保护方案批复的投资概算全部包干给省级文物部门使用。

（3）资金拨付。协议签订后，省级主管部门首次拨付一定比例的文物保护经费；其余经费根据文物勘探、发掘进度及时拨付；所有文物保护经费在田野发掘工作结束时拨付。

（4）工期进度要求，遇有不可抗力因素时工期顺延。

（5）省级主管部门责任。按协议和工期进度及时拨付资金；负责组织对文物保护工作方案和工作计划完成执行情况进行监督检查，对资金使用情况进行监督，并组织协调国家有关部门的稽查和审计；参与省级文物部门组织的各项文物保护工作的招投标；协助省级文物部门办理相关水利管理手续、帮助协调与水利管理部门和调水工程施工单位的工作关系，以利于勘探发掘工作的顺利进行；协助省级文物部门做好对南水北调工程施工单位过程中新发现的文物进行保护的宣传与协调；参加省级文物部门组织的对各单项文物保护工程的

验收。

（6）省级文物部门责任。设立专账，确保南水北调文物保护资金专款专用。省级文物部门是实施文物保护项目的责任主体，应接受省级主管部门及有关部门对文物保护计划执行情况和资金使用情况的监督、稽查和审计，积极配合审计部门做好各文物保护项目的审计工作；制定文物保护工作实施方案和工作计划，负责文物保护工作的组织管理和计划管理，按照文物保护有关规定确保文物现场发掘和后期保护的安全。实施方案和工作计划应报省级主管部门备案；根据工作实施方案和工作计划，控制文物勘探和发掘工作进度，按照协商确定的工期完成勘探发掘工作，并力争提前完成现场发掘工作，不耽误工程建设进度；根据国家、省级文物保护的有关规定，负责组织落实文物保护工作的监理和施工单位，并将文物保护实施单位、项目合同、开工日期等报省级主管部门备案；对发掘完成的工程项目及时清理施工场地，恢复工程原地貌；根据文物保护工作实施方案和工作计划，制定文物保护项目工作报表，向省级主管部门定期提交计划完成执行情况和资金使用情况报告；组织对各单项文物保护工程的验收；各单项工程项目田野工作结束后，在约定时间内及时向甲方提交文物保护工作报告。组织发掘单位按时完成发掘报告的编写工作，向省级主管部门及时提供正式发掘报告。

三、市级主管部门与县级人民政府（或主管部门）签订包干协议的主要内容

市级主管部门与县级人民政府（或授权县级主管部门）根据国家、省级征迁实施管理办法。市级与县级人民政府签订的征迁工作责任书，省级主管部门与项目法人签订的包干协议，省、市签订的征迁任务和投资包干协议等相关规定和工程初步设计文件，签订市、县征迁任务和投资包干协议。主要内容：包括征迁任务及投资情况；县级主管部门征迁包干费用组成及使用情况；拨款方式；市级主管部门、县级人民政府（或县级主管部门）双方责任、权利和义务。

（一）征迁任务

（1）农村征迁安置补偿的主要内容。工程永久征地；工程临时用地；生活搬迁人口，生产安置人口；主要地面附着物；村副业迁建补偿；拆迁房屋及附属建筑物；店铺设施补偿；小型水利设施等。

（2）集镇迁建、专业项目内容。

（3）国家批复中所包含的征迁安置其他内容。

（二）征迁包干费用组成和使用及拨款方式

1. 费用组成和使用

（1）直接费用。包括农村征迁安置补偿费、专业项目复建等实物量补偿费，以国家批复为准包干使用。

（2）实施管理费、技术培训费和管理机构开办费。按照分配比例由市级、县级及以下分别包干使用。

（3）森林植被恢复费、耕地开垦费、耕地占用税以国家批复为准包干使用。

2. 拨款方式

（1）工程征迁实施前，拨付一定比例的实施管理费、管理机构开办费和技术培训费。

（2）其余资金根据国家下达投资计划、征迁安置工作进度等情况及时拨付。

（3）拨款渠道由市级主管部门直接下达给县级主管部门。

（三）市级主管部门、县级人民政府（或县级主管部门）双方责任

1. 市级主管部门的责任

负责组织审批县级征迁安置实施方案和各专项工程实施方案；根据省级下达的征迁安置实施计划，及时督导各县（市、区）完成地上附着物清除、专项设施迁移、临时用地复垦、临时用地手续办理等工作，及时交付工程建设用地；对征迁安置工作进行指导、培训和监督检查；及时下达征迁安置资金，对征迁安置包干资金使用情况进行监督检查；做好征迁安置各专项工程验收、资料归档，对各个单项工程验收存在的问题督促相关单位及时进行整改；协调相关单位做好征迁安置监理、监测评估、勘测定界测量、征地界桩埋设工作；设立专项账户，专款专用，管好用好征迁安置资金，主动接受国家及省的审计、稽查和监督；协调市级国土、林业部门及时办理征地及林地使用手续。

2. 县级人民政府（或县级主管部门）的责任

负责做好群众宣传教育，发布公告，严禁任何单位和个人在工程征地范围内新增地上附着物，严禁偷土和使用表层土的事件发生，严禁破坏征地界桩和擅自进入施工区；及时组织编制完成县级征迁安置实施方案和各专项工程实施方案；及时组织有关部门完成地上附着物清除、专项设施迁移、临时用地复垦、临时用地手续办理等工作，及时交付工程建设用地；及时组织征迁安置各专项工程验收、资料归档，对各个单项工程验收存在的问题及时进行整改；协

调配合好征迁安置监理、监测评估、勘测定界测量、征地界桩埋设工作；设立专项账户，专款专用，管好用好征迁安置资金，接受上级的审计、稽查和监督；预防和及时处置征迁安置工作中群体性事件，做好相关工作，维护工程施工环境，不发生停工事件；协调县级国土、林业部门对征地面积、权属和地类进行确认，督促及时办理征地及林地使用手续。

四、县级主管部门与相关专业项目单位（或主管部门）签订包干协议的主要内容

专业项目迁建包干协议一般由县级主管部门与相关专业项目单位或其主管部门签订，主要内容包括：明确专业项目迁建的管理模式和实施主体；明确专业项目迁建原则和要求；明确县级主管部门和专业项目单位（或主管部门）的权利和义务。

1. 专业项目迁建管理模式和实施主体

南水北调工程专业项目迁建实行“政府领导、分级负责、县为基础、投资包干、行业监督指导”的管理体制，专业项目产权单位为专业项目迁建的实施主体，专业项目主管部门为责任主体。

2. 专业项目迁建原则和要求

专业项目迁建应坚持“原规模、原标准、原功能”的“三原”原则，因扩大规模、提高标准（等级）或改变功能需要增加的投资，应由产权单位自行解决。

专业项目迁建要求将专业项目迁至工程永久征地范围之外的设计位置，且不能影响工程施工。

3. 县级主管部门的责任

负责及时落实专业项目迁建包干经费；按专业项目迁建工作进度及时拨付迁建资金，专业项目验收合格后，拨完全部包干资金；负责监督检查专业项目迁建完成情况并参与相关验收工作。

4. 专业项目单位（或主管部门）的责任

负责按进度及时完成专业项目迁建工作，确保满足工程施工需要；按照专业项目行业规范、规程要求，负责专业项目迁建的施工质量、安全，保证迁建工程质量达到合格标准；负责及时组织专业项目迁建完工验收，并向县级主管部门提交迁建工程的施工图纸、招投标文件、监理及施工资料、竣工验收资料。

五、县级主管部门与乡级人民政府签订的临时用地复垦投资包干协议

县级主管部门与乡（镇）人民政府（或街道办事处）依据省级南水北调领导机构批复的南水北调工程县级临时用地复垦实施方案及国家、省级征迁管理制度的规定等，签订临时用地复垦投资包干协议，主要内容包括：临时用地复垦工程量；临时用地复垦投资额度、资金使用要求和拨款方式；临时用地复垦工程实施的程序性规定和进度、质量要求；县级主管部门和乡（镇）人民政府（或街道办事处）双方职责。

1. 临时用地复垦工程量

临时用地亩数，临时用地复垦的灌溉设施、排水设施、道路工程等主要工程量。

2. 临时用地复垦投资和拨款方式

县级临时用地复垦实施方案批复投资概算中的直接费（补偿费和工程措施费）全部包干给乡（镇）人民政府（或街道办事处）使用，管理费协商确定分配比例。复垦资金中的补偿费应严格按照有关政策和程序规定严格发放、确保资金安全；工程措施费应按照基本建设项目投资管理。

复垦资金拨付方式：协议签订后一次性拨付补偿费；工程措施费及管理费按照工程建设进度及时拨付。

3. 临时用地复垦实施的程序性规定和进度等要求

临时用地复垦中的灌溉设施、排水设施、道路等工程应按照基本建设程序进行管理，工程施工、监理等实行公开招投标。

全部临时用地应在规定时间内完成复垦任务，并及时退还给群众，确保不影响当季的耕种。

4. 县级主管部门职责

负责按进度及时拨付临时用地复垦资金；负责对临时用地复垦工程进行质量监督检查；组织复垦验收。

5. 乡（镇）人民政府（或街道办事处）职责

负责与村签订复垦协议，及时准确发放临时用地复垦补偿费；组织临时用地复垦工程施工，对工程质量、生产安全负责全程监督管理；及时组织临时用地复垦验收；处理相关权属争议、施工环境保障和信访等工作。

第九章

实施保障体系

征地拆迁实施工作牵扯省、市、县、乡、村各级，事关千家万户、各行各业，涉及面广，社会性强，其组织实施是一项庞杂的系统工程。各级政府各部门在多年的征迁实践中，建立了健全的协调机制，制定了完善的管理制度，进行了细致的宣传发动，采取了有力的工作举措，切实形成了工作合力，推动了征迁工作的有序高效开展；设计单位作为技术支撑，在工程实施过程中，提供了有力的技术保障；监理监测单位通过对工程实施过程监测、督促，全面控制工程实施进度、质量、资金。

第一节　各级政府组织保障

一、政府领导协调机制

政府领导协调机制是指各级政府领导挂帅成立的各级南水北调工程建设领导机构的协调运作机制，以及组成领导机构的各成员单位之间的职责分工。

国家层面上，国务院成立的由国家发展改革委、水利、科技、公安、财政、国土资源、环境保护、住房城乡建设、交通运输、审计、南水北调、农业、人民银行、国资委、林业、法制、保险监管、能源、文物、开发银行等有关部门以及北京、天津、河北、江苏、安徽、山东、河南、湖北等省（直辖市）人民政府等组成的国务院南水北调建委会，是南水北调工程建设的高层次决策机构，负责决定南水北调工程建设征地拆迁安置的重大方针、政策、措施和其他重大问题。根据南水北调工程建设征地拆迁安置工作需要，国务院南水北调建委会通过组织召开全体成员会议协商确定南水北调征迁政策以及重大问题的解决方案。自2003年国务院南水北调建委会成立以来，至今已召开了7次全体成员会议，每次会议都研究解决了一些制约工程建设征地拆迁的重大难题，有力地促进了征地拆迁工作的进展。

省级层面上，省级人民政府成立由发展改革、财政、水利、组织、宣传、南水北调、移民、环保、建设、交通、林业、国土资源、物价、公安、监察、审计、文化、电力、广电、煤炭、通信、开发银行等有关部门及沿线各市人民政府组成的省级南水北调领导机构（建设委员会、指挥部或领导小组）。省级南水北调领导机构是省级行政区域内南水北调工程征地拆迁安置工作重大问题的指挥决策机构，负责督导沿线市、县级政府及有关部门积极做好辖区内征地拆迁、施工环境保障、文物保护、南水北调方针、政策宣传等工作。省级南水北调领导机构建立成员单位例会制度，每年至少召开一次成员（扩大）会议，特别事项随时召开，及时研究协调解决工程建设征地拆迁中的重大问题。省级人民政府（或办公厅）发文明确省级南水北调领导机构各成员单位职责，对相关部门和地方承担的征地拆迁和施工环境保障工作等职责进一步进行了明确和界定。省级南水北调征迁主管部门对南水北调工程建设与征地拆迁中的问题，主动协商省级南水北调领导机构有关成员单位解决。通过协商仍难以解决的问题，及时提交省级南水北调领导机构领导协调解决或提交省级南水北调领导机构成员会议讨论决定。省级南水北调征迁主管部门对成员单位提交省级南水北调领导机构成员会议讨论的事项，负责做好汇总协调工作，会前征求其他有关成员单位的意见，会后对领导机构成员会议研究确定的事项，督导各成员单位及时落实。市、县级层面上，市、县南水北调工程沿线各市、县级人民政府均成立了政府领导挂帅，国土、林业、公安等部门为成员的南水北调领导机构，及时调度和研究解决南水北调工程建设征迁等重大问题。

二、各级部门协作机制

国家层面上，国务院南水北调办与国土资源部、国家林业局、国家文物局建立了工程建设用地、使用林地、文物保护协调工作机制，与公安部建立了工程建设安全保卫联席工作机制，与住房城乡建设部、交通运输部、铁道部等建立了专业项目迁建协调工作机制。

地方层面上，省级南水北调征迁主管部门与省国土资源、林业行政主管部门建立了征用土地和使用林地协调机制；与省文物行政主管部门建立了文物保护工作机制；与省公安厅建立了南水北调工程安全保卫联席机制；与省直其他有关部门和重大专项设施主管部门建立了专项设施迁建协调机制；与有关市、县南水北调征迁主管部门、项目法人、现场建管、设计、监理等单位建立了征地拆迁实施协调制度，定期召开协调会，协调解决本行政区域内工程征地拆迁工作和环境保障中存在的问题。市、县相关部门也相应地建立了有关部门协作工作机制。

三、国家层面制定出台的管理制度

1. 国务院南水北调工程建设委员会《南水北调工程建设征地补偿和移民安置暂行办法》（国调委发〔2005〕1号）

《南水北调工程建设征地补偿和移民安置暂行办法》（国调委发〔2005〕1号）是南水北调工程征地拆迁工作遵循的纲领性管理办法，其核心是明确了南水北调工程建设征地拆迁实行"国务院南水北调工程建设委员会领导、省级人民政府负责、县为基础、项目法人参与"的管理体制，规定了实施阶段国务院南水北调办与有关省级人民政府签订征迁安置工作责任书、项目法人与省级征迁主管部门签订征迁安置投资和任务包干协议等。

2. 国务院南水北调办《南水北调工程建设征地补偿和移民安置资金管理办法》（国调办经财〔2005〕39号）

《南水北调工程建设征地补偿和移民安置资金管理办法》（国调办经财〔2005〕39号）明确征迁安置资金实行与征迁安置任务相对应的包干使用制度，规定了征迁安置投资包干协议必须明确征迁安置具体任务、工作进度要求、包干额度和费用组成、资金支付方式、双方的责任、权利和义务等内容；对征迁安置资金计划管理、财务管理、监督管理等工作要求作出了规定。

3. 国务院南水北调建委会、国务院南水北调办关于加强南水北调工程征迁安置工作的规范性文件

国务院南水北调建委会《关于进一步做好南水北调工程征地移民工作的通知》（国调委发〔2006〕1号，2006年2月20日）强调应认真贯彻"国务院南水北调建委会领导、省级人民政府负责、县为基础、项目法人参与"管理体制的要求，落实工作责任，严格执行国家批准的征迁安置概算，农村征迁安置应坚持以农业安置为主等问题。国务院南水北调办《关于建立南水北调干线工程征迁安置实施协调制度的通知》（综征地〔2010〕3号，2010年1月6日）要求南水北调工程沿线各省（直辖市）建立干线工程征迁安置实施协调制度，加快征迁和环境保障存在问题的解决进度，促进工程用地移交、专项设施迁建和环境保障工作。国务院南水北调办《关于加强南水北调干线工程征迁安置实施

管理有关工作的通知》（综征地〔2010〕10号，2010年1月15日）重点强调了征迁安置实施方案编报审批备案的工作要求。

4. 国务院南水北调办《南水北调干线工程征迁安置验收办法》

为明确征迁验收职责，规范验收行为，国务院南水北调办制定了《南水北调干线工程征迁安置验收办法》，规定了国务院南水北调办、省级南水北调主管部门、项目法人各自的职责，明确了省级主管部门为验收工作的责任主体，对验收的工作程序、验收委员会组成形式、验收依据、验收应具备的条件、验收资料、验收成果和验收结论等作出了详尽规定，并规定了验收中发现的问题，由验收委员会提出明确的处理意见建议，由省级主管部门负责协调解决。

5. 国务院南水北调办《南水北调工程建设征地补偿和移民安置监理、监测评估暂行办法》

为规范南水北调工程征迁安置监理、监测评估工作，国务院南水北调办制定了《南水北调工程建设征地补偿和移民安置监理暂行办法》和《南水北调工程建设征地补偿和移民安置监测评估暂行办法》，对南水北调征迁安置监理、监测评估单位应具备的条件、招投标管理、工作职责、工作程序、工作成果等作出了明确规定。

6. 国土资源部、国务院南水北调办《关于南水北调工程建设用地有关问题的通知》（国土资发〔2005〕110号，2005年6月3日）

为进一步明确南水北调工程征地政策，保证工程建设依法、科学、集约、规范用地，国土资源部、国务院南水北调办联合印发了《关于南水北调工程建设用地有关问题的通知》，对南水北调工程建设用地预审、永久用地手续报批、建设用地报批材料、控制性单体工程先行用地、征地补偿安置、耕地占补平衡等政策作出了更详尽的规定。

7. 国务院南水北调办、国家档案局《南水北调工程征地移民档案管理办法》（国调办征地〔2010〕57号，2010年4月29日）

为规范南水北调工程征迁安置档案管理，国务院南水北调办、国家档案局联合制定了《南水北调工程征地移民档案管理办法》，对南水北调征迁安置档案的管理体制、档案收集、整理、归档、保管、验收、移交等作出了详细规定。

8. 国务院南水北调办、公安部《关于做好南水北调安全保卫和建设环境工作的通知》（国调办环移〔2007〕119号，2007年9月20日）

为进一步加强南水北调工程安全保卫工作，创造工程建设更加和谐的社会环境，确保各项建设任务的顺利推进，国务院南水北调办、公安部联合印发了

《关于做好南水北调安全保卫和建设环境工作的通知》，重点明确了在南水北调工程安全保卫和建设环境维护工作中南水北调征迁主管部门、公安机关、项目法人和建设管理单位、施工单位各自的工作职责和任务分工，同时明确要求各级南水北调主管部门、公安机关、项目法人、建设管理单位层层建立南水北调工程安全保卫联席会议制度，成立相应的工作组。

四、省级层面制定的实施管理办法

1. 征地拆迁实施管理办法

为落实国务院南水北调建委会《南水北调工程建设征地补偿和移民安置暂行办法》规定，南水北调沿线部分省结合本省实际制定了具体的实施管理办法，如《河北省南水北调中线干线工程建设征地拆迁安置暂行办法》《山东省南水北调工程征地移民实施管理暂行办法》《湖北省南水北调中线一期汉江中下游治理工程征地拆迁安置实施细则》。《河北省南水北调中线干线工程建设征地拆迁安置暂行办法》确定征地拆迁实行“分级、分部门负责、条块结合、县为基础、项目法人参与”的工作机制，重点明确了本省各级各部门在南水北调征迁工作中的责任，就工程建设用地征收、生活和生产安置、城镇、企事业单位和专项设施恢复等征迁各关键环节的工作进行了安排，对征迁实施计划和资金管理、设计变更、验收、监督管理等作出了规定。《山东省南水北调工程征地移民实施管理暂行办法》确定征地拆迁实施管理工作实行“政府领导、分级负责、县为基础、投资包干、项目法人参与、全过程监理监测”的管理体制，明确了南水北调工程征迁工作实施内容，重点强调了省、市、县各级政府及其主管部门在征迁工作中的职责。

2. 征迁奖惩办法

为调动广大征迁实施单位、个人的工作积极性，加快征迁工作进度，部分省出台了征迁奖惩办法，如《河北省南水北调中线京石段应急供水工程征迁安置奖励暂行办法》《山东省南水北调工程征地移民评比奖励办法》《河南省南水北调工程征迁安置工作奖惩办法》。《山东省南水北调工程征地移民评比奖励办法》明确了评比奖励的组织管理、评比表彰范围、先进单位和个人的标准、奖励方式及奖金来源、一票否决的条件等事项。《河南省南水北调工程征迁安置工作奖惩办法》规定了征迁安置工作奖惩对象的范围、奖惩依据、单位获奖条件、单位受处罚的情况、奖惩方式和奖励资金来源、组织方式等。

3. 征迁督察办法

为进一步促进征迁实施工作，河南省制定了督察办法，其他省（直辖市）

也开展了督察工作。《河南省南水北调工程征迁安置工作督察办法》（豫移〔2009〕12号，2009年5月13日）规定了征地拆迁督察的组织形式、督察内容、程序、结果、督察追责形式等事项。

4. 征迁验收管理办法

为规范征迁验收工作，各省（直辖市）制定了验收办法，如《河北省南水北调中线干线工程征迁安置验收办法》、江苏省《关于做好江苏省南水北调工程征迁征迁安置完工验收工作的通知》《山东省南水北调工程征地移民验收管理暂行办法》《湖北省南水北调汉江中下游治理工程征地拆迁安置验收实施细则》。

5. 征迁档案管理办法

为规范征迁档案管理工作，部分省制定了档案管理办法，如天津市《南水北调天津干线工程征地拆迁档案验收工作指导意见》《河北省南水北调干线工程征迁安置档案管理办法》《江苏省南水北调工程征地移民档案管理实施细则》《山东省南水北调工程征地移民档案管理暂行办法》、湖北省《南水北调中线汉江中下游治理工程征地拆迁安置档案管理实施办法》，明确了征迁安置档案管理的责任主体以及各参与征地拆迁实施单位的档案管理责任，规定了征迁安置档案资料分类、收集整理和归档立卷、档案资料的验收移交等事项。

6. 征迁实施方案编制和审批办法

为规范征迁实施方案编报和审批，保证实施方案编制的质量，部分省制定了征迁安置实施方案编报和审查管理办法及编制大纲，如河北省《南水北调中线干线河北省境内工程征迁安置实施方案编制大纲》、江苏省《南水北调东线一期江苏境内工程建设征地补偿和移民安置实施方案编制大纲》《山东省南水北调工程征地移民实施方案编报和审查管理办法及编制大纲》。

7. 征迁设计变更管理办法

为规范设计变更行为，加快征迁工作进度，部分省制定了征迁设计变更管理办法。如《天津市南水北调工程建设征地拆迁变更程序》《山东省南水北调工程征地移民设计变更管理暂行办法》、湖北省《南水北调中线一期汉江中下游治理工程征地拆迁设计变更管理暂行办法》，界定了设计变更行为，规定了征迁安置设计变更的责任主体、前提条件、工作程序等内容。

8. 临时用地复垦实施管理办法

为规范临时用地复垦实施管理工作，切实维护土地所有人的合法权益，部分省制定了临时用地复垦实施管理办法，如《天津市南水北调工程建设征地征地拆迁临时用地交付程序》、河北省《南水北调中线干线河北省境内临时用地工作协调会议纪要》《山东省南水北调工程临时用地复垦实施管理办法》《河南省南水北调中线干线工程建设临时用地复垦管理指导意见》，明确了临时用地复垦工作内容，规定了临时用地的复垦设计及复垦方案编制、复垦实施、复垦验收及移交、复垦资金管理、各方责任等事项。

9. 专项设施恢复建设实施管理办法

为促进专项设施迁建工作规范快速实施，保障工程建设顺利进行，山东省制定了专项设施恢复建设实施管理办法，明确了专项设施恢复迁建内容，规定了专项设施恢复建设的管理体制、相关各方职责、迁建技施方案设计、具体组织实施要求等事项。

10. 永久界桩埋设及管理办法

为了减少工程建设期间和以后工程运行管理过程中的纠纷，确保有一条清晰、完整、准确的南水北调工程永久征地边界，山东省制定了永久界桩埋设及管理办法，主要对界桩制造、埋设、交接以及埋设交接前、施工期和竣工后三个阶段管理责任主体等进行了规定。

11. 征地边界管理办法

南水北调工程建设实施后，与地方群众的边界纠纷一度成为阻工的主要原因。为了减少各现场建管机构（各委托建管单位）与被征地单位和群众的矛盾，构建和谐的施工环境，也便于工程建成后的运行管理，山东省制定了征地边界管理办法，主要对征地边界管理责任主体、管理要求进行了规定。

五、督察考核与奖惩通报

（一）督察

为加快征迁问题处理，确保工程建设顺利进行，南水北调工程沿线省、市、县各级开展了有力的督察活动，取得良好效果。督察工作由政府办公厅（室）牵头或者委托南水北调主管部门牵头，成立督察工作组，工作组组成单位根据督察工作内容的需要，从本级南水北调领导机构成员单位中选定。督察范围涉及工程沿线各市、县级人民政府及其征迁主管部门，各级国土、林业、公安、文物部门，专项设施产权单位或主管部门，现场建设管理机构，施工单位，征迁安置设计、监理、监测评估单位。

督察工作组依据省、市、县人民政府逐级签订的《征地拆迁工作责任书》，省、市、县逐级签订的投资和任务包干协议，国家批准的初步设计报告，省级人民政府（或南水北调领导机构）批准的实施方案，设计变更方案，迁建协议，征迁安置工作进度计划，会议纪要及其他各类合同、协议、征迁情况通报和审计稽查报告等，对征迁安置工作进度和效果、信访稳定和建设环境维护情况、征迁技术服务质量等进行督察。其中，征迁安置工作进度和效果包括：征地告知、确认、补偿兑付和安置程序；征迁安置资金拨付、兑付和使用管理情况；永久征地、临时用地的补偿兑付和移交进度；青苗、房屋等附属物的清理进度；居民搬迁及生活安置进度；被征地农民生产安置情况；企事业单位和专项设施迁建补偿协议签订和拆除进度；临时用地复垦进度；永久征地和临时用地手续办理进度。信访稳定和建设环境维护情况包括：宣传教育措施；维护建设环境机制和制度建设情况；阻工、停工事件处置情况；来信来访和社会稳定情况。征地拆迁技术服务质量主要指征迁安置设计、监理单位派驻现场代表情况及技术服务情况。

在督察前，督察组将督察办法和内容发送到各被督察单位，让被督察单位先行自查，在完成自查的基础上，督察组进驻现场督察，采用的工作方式包括听取汇报、召开座谈会、查看相关资料、进行现场调查等。督察组完成现场督查后，形成督察报告：对被督察单位征迁工作完成情况进行评价，提出存在的主要问题，明确整改意见和建议。被督察单位在规定时间内根据督察报告的意见和建议进行整改、落实。不能按期完成整改的，根据存在问题的严重程度，给予通报批评、黄牌警告等处罚。

（二）考核

为使地方各级政府切实提高对南水北调征迁工作的重视程度，促进征迁工作，南水北调工程沿线省、市将南水北调征迁工作纳入政府工作考核。考核工作由组织部门牵头，南水北调主管部门负责落实具体的考核指标、权重分配并提供考核打分依据。

考核对象是工程沿线涉及的各有关市级、县级人民政府。考核内容主要包括：征迁安置和环境保障工作领导及主部门、机制建立健全情况；有关政策法规和征地移民投资包干责任制执行情况；征迁安置工作进度满足工程建设的程度；施工环境状况，阻工能否及时解决，有无群体性阻工、强行停工现象；补偿资金是否按时兑付到位，有无违法违纪现象；群众来信来访处理情况和被征地区域社会稳定状况，有无群体性上访和恶性事件；有关部门承担的征迁安置工作任务完成情况。

（三）奖惩

为调动地方征迁工作积极性，促进征迁工作，国家、省、市、县等各级制定出台了相关奖惩政策，组织了多次评比表彰奖励活动，大大地鼓舞了士气。

表彰奖励对象涉及在南水北调征迁工作中做出突出贡献的市级、县级、乡

(镇)级人民政府(或街道办事处)、参与征迁工作的部门、被征迁的企事业单位、专项设施产权单位、征迁安置设计、监理和监测评估等单位及其中的个人。奖励以精神奖励为主。

对于征迁实施工作不力的单位,导致影响工程建设、质量不符合设计要求、出现重大质量或安全事故、征迁资金管理出现严重违规违纪现象、技术服务产品差错率超过3%或者不能保障现场服务及时到位的,各省级南水北调主管部门制订了处罚政策。处罚方式包括在全省范围内通报批评、责成当地政府追究有关责任人的责任等。

(四)通报

为便于各级领导及时掌握征迁安置和施工环境保障工作情况,山东省创建了《南水北调征迁安置情况通报》通报内容包括各地征迁工作任务完成情况、工作进度、存在问题及下步要求等,及时把工作情况呈报有关单位和领导。即达到通报情况、鞭策后进、促进工作的目的,又能起到引起领导重视、直接调度、加快解决问题的作用。

第二节　设计单位技术保障

设计工作是征地拆迁实施的基础,保障征迁安置效果的根本,征地拆迁实施工作的技术保障。

一、规划设计原则

国家实行开发性移民方针,采取前期补偿、补助与后期扶持相结合的办法,使移民生活达到或者超过原有水平。在南水北调东、中线一期工程干线征地拆迁设计遵循了以下原则:

(1)以人为本,保障移民的合法权益,满足移民生存与发展的需求。

(2)顾全大局,服从国家整体安排,兼顾国家、集体、个人利益。

(3)节约利用土地,合理规划工程占地,控制移民规模。

(4)可持续发展,与资源综合开发利用、生态环境保护相协调。

(5)因地制宜,统筹规划。

二、规划设计合理

1. 坚持以人为本,维护群众合法权益

作为规划的制定者的主体设计单位,要制定出可行性很强的规划,唯一法

则就是以人为本，了解征迁对象的担忧和疑虑，了解征迁对象的诉求和需要，并将其心声反映在规划方案中，规划才会生命力，否则，规划就代表不了广大征迁群众的根本利益，就毫无实施的价值。

2. 坚持与区域规划相结合、促进地区发展

征迁安置规划仅是安置区域经济发展的一部分，是整体中的局部，是大系统中的小系统，不能代替为总体服务的发展规划，它只是为区域经济发展提供了契机，只能与总体发展规划相适应，尤其是与区域分阶段规划相适应，并最终融合到区域经济发展系统中。因此，在编制征迁安置规划方案时，要妥善处理征迁规划与区域经济发展规划之间的关系，只能在力所能及的范围内兼顾区域整体的需要。征迁安置规划只有适应了区域发展规划的需要，才能经得起历史的检验。

三、实施阶段体现设计单位的职责

设计单位作为工程征地拆迁实施工作的技术归口单位，在征地拆迁工作要体现其职责和作用。

（1）设计交底。负责向地方实施机构进行征迁安置的技术交底工作。

（2）技术支持。负责在实施征地补偿、拆迁安置过程中遇到政策问题、技术问题时为地方政府及时提供有效的政策和技术支持。

（3）规划设计资料交接。向地方征迁实施部门提供审定的征迁安置规划报告及相应图件。

（4）设计变更。参与拆迁安置实施过程中的设计变更工作，根据实施报告审查意见的要求，从设计角度提出是否应进行设计变更的意见，组织编制设计变更报告、相应图件；参加设计变更审查会议。

（5）检查验收。参与单项征迁工程设计的咨询、审查，依据现性规程规范和审定的规划报告对各单项征迁工程的规划设计方案和主要技术指标进行审查，参与单项征迁工程建设过程中的质量检查和验收。

（6）技术协调。配合拆迁安置监理监测的工作，参加征迁实施单位、监理工程师组织的有关技术及计划等会议，配合研究征地拆迁实施中的技术问题。

（7）根据单项工程施工图设计委托合同，开展单项工程施工图设计工作。

第三节　监理和监测评估单位监督保障

监理和监测评估是项目实施管理中的一个有效组成部分，其职能简单地说

就是通过监测、督促，诊断项目实施过程中存在的问题以及可能产生的后果，对工程的实施情况和效果做出评价预测，针对存在的问题和值得推广的经验，及时把信息传递到管理者手中，以便管理者进行决策，使项目实施达到最佳效果。

国务院南水北调办在2005年就制定了《南水北调工程建设征地补偿和移民安置监理暂行办法》（国调办环移〔2005〕58号）、《南水北调工程建设移民安置监测评估暂行办法》（国调办环移〔2005〕58号），明确南水北调东、中线工程干线工作实行监理和监测评估制度。涉及省（直辖市）移民主管部门会同项目法人发布联合发布招标公告，通过公开招标，确定并委托监理和监测单位，对征迁安置进度、质量、资金拨付和使用情况以及移民生活水平的恢复情况进行监督、监测评估。

一、监理和监测评估工作目标

按合同约定的职责，独立、公正、公平、诚信、科学地开展征迁安置监理工作，对征迁安置的实施进度、质量、资金拨付及使用情况进行检查监督，科学、有效地进行合同管理和信息管理，积极、主动协调好各方的关系，推进征迁安置工作按计划实施。在参建各方的共同努力下实现如下目标。

（1）进度控制目标：按征迁安置年度计划控制进度目标，确保按时完成征迁安置竣工验收。

（2）质量控制目标：满足征迁安置规划设计要求。

（3）监督实施单位按照批复的概算和年度投资计划合理使用资金，保证征迁资金专款专用。

（4）安全生产目标：安全责任事故为零，杜绝重、特大安全生产事故及群体上访事件。

（5）文明施工目标：规范、整洁、有序。

按合同约定的职责，独立、公正、公平、诚信、科学地开展征迁安置监测评估工作，跟踪监测征迁安置规划移民生产生活水平恢复措施的实施情况及效果和征迁安置后的生产生活水平恢复情况，对征迁群众生产生活中出现的问题提出改进建议，确保征拆安置的整体质量和效益，确保征地群众生产生活水平能够迅速得到恢复，实现征迁群众达到和超过搬迁前原有水平的目标。

二、确保征迁安置质量和效益

监理单位通过对重点项目进行督察，发现问题，及时召集有关实施机构、工程监理、施工单位负责人现场协调，限期整改，强化复查，重大问题以文件、监理旬报或月报反映，及时报省级政府移民办。

监测单位通过征拆安置活动全方位、全过程的监督，利用监理监测评估指标体系的系统归纳和分析，及时揭示征迁安置工作中的矛盾隐患和重大问题，提出切实可行的对策建议和措施，跟踪监测征迁安置规划移民生产生活水平恢复措施的实施情况及效果和征迁安置后的生产生活水平恢复情况，对征迁群众生产生活中出现的问题提出改进建议，确保征拆安置的整体质量和效益。

三、积极协调各方关系、维护群众合法权益

南水北调东、中线一期工程干线征迁安置工作，不仅涉及委托方、实施单位和征迁对象，还涉及政府的许多部门，因此需要这些部门、单位和各方的参与、支持和配合，这就不可避免地要出现一些问题和矛盾。要平衡协调这些问题和矛盾，除了政府职能部门出面协调外，监理单位和监测单位做了大量协调工作。一是参加省级政府移民办召集的协商会，市级、县级现场协调会，以及有关问题处理协调会，按监理监测工作要求提出意见和建议，为省级部门决策提供依据。二是主动对施工图纸审查、施工合同签订、施工进度和质量提供技术服务。三是针对实施过程中出现的各种矛盾和问题，兼顾国家、集体、个人三者利益，谨慎、实事求是、客观公正地进行协商，达到化解矛盾、解决纠纷、维护稳定的目的。四是在监理监测服务过程中，向群众宣传解释有关法规政策，使群众懂得安置补偿政策，知道安置标准，能够自觉维护自身的合法权益，增强群众法律意识和自我保护能力。

第十章

征迁安置实施

征迁安置实施是征地拆迁工作中的重要环节。根据国务院南水北调建委会《南水北调工程征地补偿和移民安置暂行办法》规定："省级主管部门依据移民安置规划，会同县级人民政府和项目法人编制移民安置实施方案，经省级人民政府批准后实施"。征迁安置实施要根据批复的征迁安置规划，编制征迁安置实施方案，经批准的征迁安置实施方案是实施单位实施征地拆迁工作的依据和基础，也是各级政府抓好征地拆迁相关监督、管理工作中的重要环节和依据，更是征地拆迁审计的重要依据。南水北调工程沿线各级南水北调主管部门高度重视，加强领导、组织和协调，科学严谨地按照相关规定和程序组织开展了征迁安置实施工作。按照规定和程序开展征迁安置实施工作，既提高了征地拆迁实施工作的可控性和科学性，达到节约用地、控制投资、规范操作的目的，同时又较好地与新农村建设和群众的意愿相结合，达到了维护群众合法权益目的，保证了征地拆迁安置的实施质量。

第一节 征 迁 安 置

征迁安置是征地拆迁工作的中心环节，也是征地拆迁工作成功与否的关键。

一、征迁安置基本内容

征迁安置的基本内容，从处理的项目上看，包括农村征迁安置、城（集）镇迁建、工矿企业迁建、专项设施迁建或者复建、防护工程建设、征迁安置过渡区的生产生活扶持措施等；从处理的范围上看，不仅包括征地红线内的范

围，而且对征地红线外受影响较大造成的居民生产、生活困难问题，也要纳入征迁安置规划的范围；从处理的对象上看，主要包括对征迁群众的生产生活安置（如建房、供水供电、耕地配置等）。

二、征迁安置基本程序和要求

（一）启动准备

根据批复的实施方案，以县（市、区）为单位制定征迁安置工作实施细则，明确征迁安置工作的具体实施步骤、补偿资金兑现方式、工作程序和要求、组织领导和措施等。方案要细致、周密、切实可行，才能保证搬迁安置按计划、按步骤有序推进。

（二）宣传动员

采取各种有效方式宣传工程建设的重大意义和征迁安置补偿政策，将补偿范围、补偿标准、补偿兑现程序、安置方式和方法原原本本地交给征迁对象。组织干部进村入户开展耐心细致的政策解释和思想动员工作。

（三）填发补偿手册

依据国家审定的实物调查成果，将实物分解落实到权属单位和每家每户，并分户建卡登记造册，填发每户的《补偿手册》或补偿明白卡。在此基础上，不折不扣地兑现补偿给征迁对象。

（四）签订安置补偿协议

根据征迁安置规划确定的安置方式，逐户与征迁对象签订安置补偿协议。约定补偿兑现时限、搬迁时限、生产资料配置标准、搬迁安置手续办理和法律责任，做到依法搬迁。

（五）落实生产资料

在规定的时限内，落实好生产安置资料和建房用地，组织抓紧建房，做好搬迁的各项准备工作。

（六）实施搬迁

根据签订的安置协议，按已明确和落实的安置去向和安置方式，组织群众积极实施搬迁安置。

三、征迁安置基本原则和标准

（一）征迁安置基本原则

（1）贯彻“以人为本”的理念，实行开发性方针。由于工程影响地区基本为农业区，绝大多数征迁对象为农业户口，因此，征迁安置规划以农业安置为主。在尽可能保证征迁对象有一份基本土地为依托的基础上，因地制宜，广开安置门路。

（2）本着不降低原有生活水平的原则。努力实现“搬得出、稳得住、逐步能致富”的目标。并结合安置区的资源情况及其生产开发条件和社会经济发展计划，为征迁群众奔小康创造条件。

（3）在安置区的选择中，注重环境容量分析。输水河道工程占地由于呈带状分布，占地影响较小，在安置区的选择上首先考虑本组安置，本组安置不了的考虑本村安置；对于原有人均土地资源较少，土地不再是农民的谋生手段，在征求地方政府和群众意见的基础上，可采取自谋职业安置。

（4）贯彻开发性方针，以大农业安置为主，通过改造中低产田，发展种植业、养殖业和加工业，使每个征迁对象都有恢复原有生产生活水平必要的物质基础，有条件的地方积极发展乡镇企业和第三产业来安置征迁对象。

（二）征迁安置标准

征迁安置标准指规划征迁安置的生产生活资料配置标准和达到的收入水平指标。主要指标有人均占有耕地等生产资料、人均宅基地和人均村庄占地面积、安置点基础设施和公共设施的建设标准、规划水平年收入水平等。

农村征迁对象生产生活用地标准指包括该地区人均生产用地与生活用地之和。征地后大部分村庄人均耕地能达到 1 亩以上，原则上在本村内调剂土地安置。

比如在山东，依据《山东省实施〈中华人民共和国土地管理法〉办法》第四十三条规定，平原地区的村庄，每户宅基地不能超过 $200m^2$；人均占有耕地 1 亩以下的，每户宅基地面积可低于前款规定限额。规划时结合工程沿线县（市、区）关于村镇建设和管理的规定以及工程的实际情况，确定农村搬迁对象分散建房宅基地标准为 0.3 亩/户，集中安置居民点占地标准为 0.45 亩/户（含居民点交通和基础设施用地）。

（三）安置方式

1. 生产安置

生产安置方式主要是采取一次性货币补偿安置方式和村内调剂土地安置方式。对于征地后人均耕地面积影响较小，基本上不影响农民生产和生活的，经当地政府协商同意，采取一次性货币补偿的形式予以补偿。对于征地后人均耕地面积影响较大对农民生产和生活造成影响的，采取村内调剂土地安置方式。

具体采取何种安置方式，须按照国家相关政策，由各村都召开村民大会或村民代表大会，制定出符合该村实际情况的生产安置方式与集体资金使用方案，并由每一位村民代表签字按手印。然后，报乡（镇）政府审核并加盖公章后报县级指挥部审查存档。

各县（市、区）南水北调主管部门、乡（镇）政府共同对安置情况和补偿资金使用情况进行监管，并根据各村村民代表大会通过的安置方案，与被征地村签订生产安置协议，限期予以安置。

2. 生活搬迁安置

根据工程对沿线搬迁群众影响的不同情况，南水北调干线工程生活搬迁安置采用了三种方式：建设集中居民点、分散安置和货币补偿。

建设集中居民点，一般指搬迁人数在100人以上的居民点，采用统一布局的搬迁安置方式。

分散安置是布局松散、分散建房的搬迁安置方式，一般指搬迁人数在100人以下的居民点。

货币补偿主要是搬迁对象不需要宅基地，采取投亲靠友或者购买房屋等方式解决生活居住。

第二节 实 施 方 案

一、实施方案编制主体

南水北调工程征地拆迁工作实行“政府领导、分级负责、县为基础、项目法人参与”的管理体制，与此对应的，征地拆迁实施方案由县级人民政府负责，项目法人参与，省、市南水北调主管部门指导，编制具体工作由县级从事南水北调征迁工作技术人员会同具备资质的设计单位（原初步设计单位或通过招标重新选定）承担。

二、实施方案编制中各方责任

在省、市南水北调主管部门的指导下，县级人民政府及其职能部门、技术服务单位密切配合，分工协作。

（一）县级人民政府

在省、市人民政府的授权下，颁发征地红线内停止一切建设生产活动的“停建令”，组织有关部门和乡（镇）政府等进行征地勘界、实物复核，提出征迁安置选址方案，安置区水、电、路等基础设施规划，落实国家、省、市征迁安置配套政策要求。

（二）县级南水北调主管部门

作为实施方案编制的牵头单位和后勤保障单位，会同县直有关部门、乡（镇）、村等开展征迁安置勘测定界、外业调查等工作，牵头编制土地及附着物、村副业和企事业单位迁建等补偿方案，根据县级政府提出的征迁安置规划，组织完成征迁安置规划设计，汇总编制专项设施迁建方案，与临时用地复垦设计单位配合，完成临时用地复垦方案和设计报告书的编制工作。

（三）设计单位

作为技术支撑单位，为征迁安置实施方案编制提供强有力的技术支持，协调设计单元工程内部调查标准的统一，确定土地及附着物的补偿标准，负责提出征迁安置方案设计变更，并就实施方案编制所依据的政策及规定进行说明，进行设计单元工程投资控制。

（四）征地勘测定界单位

负责对工程占地范围进行定界、测量，提供工程征（占）地的面积、地类。

（五）监理单位

对于实物调查成果进行签字确认、提供支撑，监督征迁安置工作进度及资金的使用和管理，对于征迁安置实施方案变更进行验证。

（六）项目法人

提出工程建设进度计划及临时用地的使用计划，编制单位以此为控制工期来编制实施计划。

三、实施方案编制依据

（一）征迁相关法规制度

国家、省、市法律法规和政策规定，主要有《大中型水利水电工程建设征地补偿和移民安置条例》（国务院令第471号）、《南水北调工程建设征地补偿和移民安置暂行办法》（国调委发〔2005〕1号）、《关于南水北调工程建设征地有关税费计列问题的通知》（国调委发〔2005〕3号）及南水北调工程涉及省、市有关征地移民的政策法规等。

（二）征迁相关合同（协议）及设计文件

征迁相关合同（协议）及设计文件主要包括水利水电工程征地移民相关设计规范、初步设计报告及国家有关部门的批复文件、南水北调工程涉及省、市、县各级人民政府逐级签订的征迁安置责任书和投资包干协议、设计变更文件及批复文件、实物调查复核报告、专业部门提报的专项设施迁建方案等。

四、实施方案编制程序及形成过程

实施方案编制分为实物复核、组织编制、评审批复三个阶段。

（一）实物复核

实物复核是计算征迁补偿投资的基础性工作，包括土地、房屋、树木等附着物及影响企事业单位、城（集）镇、专项设施等各类实物的现场勘查复核以及与之密切相关的征迁安置规划、企事业单位、城（集）镇、专项设施迁建规划等。

在初步设计（技术方案）批复后，经招标确定征地勘测定界、监理、监测评估等单位，省、市、县逐级召开动员大会，部署征迁安置外业调查任务，再由县级人民政府组织设计、监理、勘测定界，县、乡（镇）、村等相关单位、产权人（单位）开展土地勘测定界、附着物及专项设施复核等工作，形成实物汇总成果。为保证实物的准确度和可信度，现场调查的各类实物由设计、监理签字认可。为避免实物调查有遗漏、错登现象，调查完成后以村为单位进行张榜公示并征求意见，对于确属错登、遗漏的，组织设计、监理单位复查确认后进行补登，并最终由县人民政府确认。

（二）组织编制

工作重点包括补偿标准确定、补偿方案确定、实施方案征求意见修订等。这一阶段的目标是保证征迁安置顺利实施，并对征迁安置投资进行有效控制，除因政策调整、重大设计变更及其他不可抗力等因素引起的增加投资除外，不突破国家初步设计批复概算。

组织编制工作在外业调查、实物汇总完成和确定征迁安置方案后即可开展。这一阶段工作由县级南水北调主管部门牵头，设计单位配合完成。方案编制工作中，根据国家批复的设计单元工程征迁安置初步设计专题报告（批复稿），依据国家、省、市相关的法律法规和政策规定，严格把关确定有关数量、标准。其中：工程永久及临时占地以勘测定界单位现场确认的为准；实物以县、乡（镇）、村、物权人、移民设计及监理六方共同签字确认的为准；安置选址、水、电、路以县级人民政府确定的为准；专项设施方案由产权单位委托符合资质要求的设计单位进行迁建方案设计。

1. 补偿标准的确定

因补偿标准直接涉及物权人的直接利益，所以这项工作在组织编制实施方案中十分重要。土地补偿标准原则上执行国家初步设计批复的标准，房屋及附着物补偿标准的确定要考虑初步设计批复标准及省级物价部门批复的标准，同时要考虑当地实施的实际以及同期实施的其他水利工程执行的标准综合权衡确定。设计单位负责对同一设计单元工程内同种土地及附着物的补偿标准进行协调统一，避免出现不一致的现象。

2. 补偿方案的确定

补偿方案主要包括土地补偿费和安置补助费分配使用方案、安置点基础设施设计、村副业、企事业单位迁建规划设计、专项设施迁建方案汇总、征迁安置影响问题处理等。除土地补偿费和安置补助费的分配使用方案外，其他工作由于专业性较强，以设计单位为主进行专业设计，但对于县级人民政府提出的意见，进行了充分考虑并体现在设计报告中。

3. 征求意见及修订

征迁安置补偿标准和方案初步确定后，由县级人民政府负责组织进行征地拆迁实施方案公告。被征地农村集体经济组织、农村村民或者其他物权人对征迁安置实施方案有不同意见的，可向所属乡（镇）人民政府提出，乡（镇）人民政府负责向县级南水北调主管部门反映相关问题，县级南水北调主管部门负责对反映的问题进行认真研究，确需修改时，依照有关法律、法规对征迁安置实施方案进行适当修改，最终形成征地拆迁实施方案（报审稿）。

（三）评审批复

县（市、区）征地拆迁实施方案（报审稿）完成后，由县级人民政府（南水北调领导机构）行文将实施方案（报审稿）报至市人民政府（南水北调领导机构），由市人民政府（南水北调领导机构）组织专家进行评审，形成专家评审意见。各县（市、区）根据专家评审意见对实施方案（报审稿）进行修订完善，形成实施方案（报批稿），再逐级上报至省人民政府（省南水北调领导机构），由省级人民政府（省南水北调领导机构）批复后，县（市、区）按批复意见进一步修订完善，形成实施方案（批复稿），作为征地拆迁实施工作的合法依据。

五、实施方案的基本内容

（1）概述：工程概况、工程征迁安置初步设计及批复情况、实施阶段主要设计成果概述、编制实施方案的法规政策依据。

（2）工程占地：永久征地、临时用地。

（3）工程影响实物调查：调查过程及方法、调查内容、分类汇总及实物调查成果、实物调查结果公示。

（4）农村征迁安置：生产安置人口及安置方案、搬迁安置人口及安置方案。

（5）城（集）镇迁建：城镇、集镇现状及影响概况、实施原则、方案。

（6）村副业迁建：受影响村副业概况、实施原则、方案。

（7）工业企业、事业单位迁建：受影响工业企业、事业单位概况、实施原则、方案。

（8）专业项目迁建（受影响专业项目概况、实施原则、方案）。

（9）水库库底清理（建筑物、构筑物清理、卫生防疫清理、林木清理、特殊清理）。

（10）临时用地复垦方案及设计（复垦方案及设计原则、目标与任务、复垦范围及现状、复垦方案及设计、复垦的实施）。

（11）投资预算（编制依据及原则、补偿标准、补偿资金公示、投资预算、投资预算与批复概算比较）。

（12）机构设置及工作计划（征迁安置机构设置、单位职责及人员分工、征迁安置实施管理主要措施及制度建设、工作计划）。

（13）资金管理（资金管理的依据及原则、管理机构设置、管理措施及制度建设、报账单位财务管理、资金兑付方案概述）。

（14）存在的问题及建议（实施过程中可能遇到的问题及困难、解决问题及困难的思路或方案、特殊问题处理方案、相关建议）。

（15）其他（权属争议的处理、永久征地、临时用地及使用林地手续办理、征迁安置档案管理及验收、维护社会稳定及信访处理、征地移民政策咨询及解答、施工环境保障、上级征迁安置稽查及审计的配合、其他需要说明的问题）。

（16）附件（另行成册）[地方政府有关征迁安置和施工环境保障的通告、地方政府有关征迁安置管理政策、地方有关征迁安置补偿标准的规定、乡（镇）、村征地补偿资金分配方案、集体补偿资金使用方案、其他需要列入附件的文件]。

根据设计单元工程的性质、对被征地区的影响及复杂程度等因素不同，实施方案的基本内容可进行增减。

六、实施方案编制的经验做法

为确保征地拆迁实施方案能够得到顺利实施，地方各级人民政府及其南水北调主管部门高度重视，认真严谨地妥善处理征地拆迁实施中遇到的各种问题，切实提高实施方案编制的质量。

（一）实物调查全面准确

在《大中型水利水电工程征地补偿和移民安置条例》中规定“工程占地和淹没区实物调查，由项目主管部门或者项目法人会同工程占地和淹没区所在地的地方人民政府实施；实物调查应当全面准确，调查结果经调查者和被调查者签字认可并公示后，由有关地方人民政府签署意见”。具体组织实施中，为了确保实物量准确无误，实物量调查表严格由相关各方共同签字认可。

（二）地方政府切实发挥主导作用

实施阶段的调查和方案编制以地方政府为主，特别是县级人民政府作为征迁安置实施的责任主体，认真落实国家征地拆迁方针政策，全面掌握工程征地拆迁情况，并紧密结合当地实际，确保编制出的方案有的放矢、便于实施。

（三）合法合规确定补偿标准

补偿标准严格执行国家、省、市有关法律法规和政策规定，原则上既服从国家初步设计批复，又满足征地实施需要。同时补偿标准经过公示程序，确保被征迁安置群众知情、满意。对于初步设计中无批复项目的单价，说明制定补偿单价的依据和理由。

（四）适当考虑影响问题

对不在征地红线范围内但工程建设会有明显影响的问题，如房屋或院墙拆到一半、鱼池占到1/3、爆破施工震动影响、基坑渗水影响等类似的问题，要综合考虑影响程度、工程实际等多种因素，确定给予合理的补偿、补助。对于灌排、交通等影响群众正常生产、生活需要的问题，在实施方案中予以适当考虑，运用工程措施或者资金补偿等方式方法，消除或者降低对征迁群众生产、生活的影响。

（五）专业项目复建设计深度到位

专业项目复建方案由各产权单位委托具有相关专业资质的设计单位按照“原标准、原规模、恢复原功能”的“三原”原则进行设计，所提交的方案满足实施要求，专业项目设计方案经审查批复后作为县级南水北调主管部门与产权单位签订专业项目迁建协议的依据。专业项目复建时涉及其他行业主管部门时，需要有该主管部门对迁建方案的认可文件。

（六）充分重视临时用地复垦

临时用地复垦工作一般在征迁安置工作最后阶段进行，在编制征迁安置总体实施方案时，临时用地复垦往往达不到实施深度，在这种情况下，先编制临时用地复垦规划，依据技术经济合理的原则，兼顾自然条件与土地类型，选择土地复垦后的用途，宜农则农、宜林则林、宜牧则牧、宜渔则渔，科学安排以农、林、牧为主的各项用地。弃土区临时用地数量可先以勘测定界单位提供的成果为准，复垦标准原则执行国家初步设计批复标准；施工临时用地可暂按初步设计批复计列数量、单价及使用时间。

（七）征迁安置方案具备可操作性

搬迁安置直接涉及群众的生存生活需要，关系到社会稳定的大局，地方政府予以了高度重视。对于分散安置和集中安置的搬迁人口、户数、宅基地选址、标准及分配方案进行准确复核，并由设计、监理、搬迁对象等各方签字认可。县级人民政府组织规划、国土、南水北调等相关部门对搬迁安置点选址、基础设施配套规划等提出明确意见，县级南水北调主管部门据此会同设计单位进行详细、具体的方案设计，方案设计过程中要征求搬迁户的意见，确保搬迁安置方案的可行性和可操作性。

（八）制定切合实际的征迁安置补偿费分配使用方案

农村生产安置人口在本县通过新开发土地或者调剂土地进行安置的，县级人民政府将土地补偿费、安置补助费和集体财产补偿费直接全额兑付给该村集体经济组织或者村民委员会，土地补偿费和集体财产补偿费的使用方法由村民会议或者村民代表大会讨论通过。

由于被征地各村组在人均耕地面积、征地比重、经济发展水平、主要收入来源、村委会及村党支部领导能力等方面差别较大，决定了征地补偿费、集体财产补偿费分配使用和调整承包土地方式上的多样化，这就需要县、乡（镇）人民政府对被征地村组分别指导，制定切合实际的补偿费分配方案，并做好征地补偿费、集体财产补偿费使用的监督工作。

第三节　公示与监督管理

南水北调工程征地拆迁安置事关单位和群众的切身利益，为赢得各被拆迁单位或个人的理解和支持，实施过程中必须坚持阳光操作、公开透明，做到政策文件公开、标准公开、实物量公开、补偿资金公开，主动接受社会和公众监督。同时，为确保征迁安置实施方案的落实，需要建立健全完善的监督管理体系。

一、征地拆迁公示与公告

（一）公示与公告内容

在《大中型水利水电工程建设征地补偿和移民安置条例》中规定“实物调

查应当全面准确，调查结果经调查者和被调查者签字确认并公示后，由有关地方人民政府签署意见”。《大中型水利水电工程建设征地补偿和移民安置条例》明确了征地移民补偿实行征地公告（公示）制度，主要目的是保护农村集体经济组织、农村村民或者其他权利人的合法权益，保证征地移民工作的顺利进行，保障建设用地及时交付使用，促进工程建设顺利实施。

1. 征地范围公告

主要指征用土地批准文件，包括征地批准机关、批准文号、批准时间和批准用途以及征用土地的所有权人、位置、地类和面积。

2. 政策公告

国家或省、市关于征地补偿标准的政策性规定等。

3. 实物量调查复核成果公示

主要包括征地涉及的永久征地、临时用地、房屋、附属建筑物、树木、坟头、企事业单位、专项设施等各类实物的数量、种类、权属等。

4. 补偿标准、资金及相关文件公示

主要是由县人民政府编制的征迁安置实施方案，具体包括本集体经济组织被征用土地的位置、地类、面积，地上附着物和青苗的种类、数量，需要安置的农业人口的数量，土地补偿费的标准、数额、支付对象和支付方式，安置补助费的标准、数额、支付对象和支付方式，地上附着物和青苗的补偿标准和支付方式，农业人员的具体安置途径，其他有关征地补偿、安置的具体措施。

（二）公告要求及有关问题的处理

征用农民集体所有土地的，征地前实物量调查成果、征地批准文件、征迁安置实施方案在被征用土地所在地的村、组内以书面形式公告。其中征用乡（镇）农民集体所有土地的，在乡（镇）人民政府所在地进行公告。

被征地农村集体经济组织、农村村民或者其他权利人对实物量调查和征迁安置实施方案有不同意见的或者要求举行听证会的，在征迁安置实施方案公告之日起10个工作日内向有关乡（镇）人民政府提出。

乡（镇）人民政府负责研究被征地农村集体经济组织、农村村民或者其他权利人对征迁安置实施方案的不同意见。对当事人要求听证的，举行听证会。确需修改征迁安置实施方案的，依照有关法律、法规对征迁安置实施方案进行修改。

县人民政府将征迁安置实施方案报市人民政府审批时，附具被征地农村集体经济组织、农村村民或者其他权利人的意见及采纳情况，举行听证会的，附具听证笔录。

县南水北调主管部门和乡（镇）人民政府将征迁安置补偿费用拨付给被征地农村集体经济组织后，有权要求该农村集体经济组织在一定时限内提供兑付清单以及被征地户和搬迁户的一户一卡资料。

县、乡（镇）人民政府督促农村集体经济组织将征迁安置补偿费用收支状况向本集体经济组织成员予以公布，以便被征地农村集体经济组织、农村村民或者其他权利人查询和监督。

县、乡（镇）人民政府负责受理征迁安置实施方案公告内容的查询或者实施中问题的举报。未依法进行征用土地公告的，被征地农村集体经济组织、农村村民或者其他权利人有权依法要求公告。征迁安置实施方案争议不影响征迁安置实施方案的实施。

二、征地拆迁监督与管理

为保证批准的实施方案正确实施并取得成效，南水北调干线工程征地拆迁工作建立了多重的监督管理体系。

（一）政府与部门监督管理

南水北调工程征迁安置工作实行政府领导、分级负责的管理体制，各级政府对征迁安置工作实施本身负有监管的职责。各级政府进一步加强监管，确保征迁安置工作严格按照批准的方案实施，切实保障广大群众利益。各级纪检监察、审计部门进一步发挥职能作用，监督征迁安置实施的全过程。

（二）第三方单位监管

国家推行移民综合监理制，就是为了加强对征迁安置实施情况的监督检查，保证实施进度、质量满足要求，并达到控制投资的目的。征迁监理单位作为独立的第三方，参与征迁安置实施方案编制和实施的过程，在实物量复核、缺漏项补登及影响问题补偿等多个环节充分发挥监督作用。

第四节 建设用地交付

建设用地交付是工程征地拆迁的直接目的，也是工程建设得以顺利开工的最急需条件。在用地预审和先行用地手续办理完成后，为了实现建设用地的快速交付，紧急情况下可以由县南水北调主管部门会同设计单位先行编制地上附着物补偿实施方案，经评审批复后先将属于个人所有的地上附着物补偿资金兑付给个人，并组织乡（镇）、村和个人抓紧清除完地上附着物，满足工程开工建设需要。建设用地交付通常包含补偿资金兑付、附着物清除、建设用地移交签证手续三个环节。

一、补偿资金兑付

（一）地上附着物

对个人所属树、井、坟等地上附着物，由县南水北调主管部门根据调查确认的数量及批复的补偿标准，由县南水北调主管部门兑付到个人。

（二）集体土地补偿补助资金和财产

集体土地补偿补助资金和补偿给集体的树木、井、桥涵等资金，由县南水北调主管部门、县国土局、村三方签订征地补偿协议，按协议补偿到村。

（三）居民房屋

对拆迁的居民房屋及附属物补偿资金和宅基地安置资金，由县南水北调主管部门与拆迁居民签订补偿协议，按协议兑付到拆迁居民。

（四）村组副业

对村组副业房屋及安置补偿资金，由县南水北调主管部门与拆迁户签订拆迁安置补偿协议，按协议进行资金兑付。

（五）企事业单位

对涉及的企事业单位补偿，由县南水北调主管部门与企事业单位签订拆迁安置补偿协议，直接兑付到企事业单位。

（六）专项设施

由县南水北调主管部门与专项产权单位签订补偿协议，按协议进行资金兑付。

二、附着物清除

根据省、市、县逐级签订的南水北调工程征地拆迁责任书，地上附着物的清除工作由县级人民政府负责组织实施。

附着物清除工作中，对于房屋、附属设施等砖木、砖石结构物，拆迁的旧料归原产权人。林木清除须先办理采伐证，采伐证费用包含在林木补偿费中。办理采伐证时最好以县或乡（镇）为单位统一协调办理，这样既能加快办理速度，又能节省办理采伐证的费用。

专项设施迁建工作由专项设施产权人或其主管部门负责实施；企事业单位迁建由产权人自行负责，涉及需另行征地进行安置的由县级人民政府负责协调；城（集）镇迁建由县级人民政府负责组织实施。

三、建设用地移交签证手续

在完成青苗补偿款、地面附着物补偿款兑付，有价值物资已回收，土地补偿费、安置补助费已拨付到位且兑付意见明确的情况下，可以组织土地权属人向建设管理单位移交工程建设用地工作。建设用地移交由县级人民政府（或南水北调领导机构）主持，省级南水北调主管部门指导，市、县级南水北调主管部门、有关乡（镇）人民政府、移民监理、勘测定界和建设管理、工程监理、施工企业等单位参加，共同签署工程建设永久征地（或临时用地）交付使用证书（或移交签证书），明确移交土地的进度和数量，并附永久征地、临时用地控制点和界址点坐标。根据建设用地地上附着物清除的不同进度，以及临时用地使用计划，可以分批签署建设用地交付使用证书（或移交签证书）。

第十一章

专项设施迁建

专项设施迁建是南水北调干线工程征地拆迁中实施难度和协调工作量较大的工作内容，同时也是征迁实施过程中容易滞后的环节。尤其是在南水北调工程穿越城区段，因城市经济发达，地上、地下各类管线十分复杂，这些管线承担的输水、供气、供电又是群众正常生活的必备条件，情况十分复杂，其迁建往往是制约工程征地拆迁工作进度的突出因素。有时一项规模较大的专项设施迁建任务，历经初步设计阶段编制复建设计方案、实施阶段复核编制复建实施方案、批复后与相关单位签订委托协议、具体的迁建实施、验收，可以历时1～2年甚至更长时间。专项设施迁建难度大；一方面是专项设施本身的专业设计和施工难度大；另一方面是涉及很多单位、部门，工作协调难度大。为确保专项设施迁建工作的顺利开展，南水北调干线工程沿线各级各部门高度重视专项设施迁建工作，明确了相关各方职责，规范了实施管理办法，并加大迁建协调力度，基本按计划完成了全部专项设施的迁建任务，保障了工程建设的顺利进行。

在南水北调东、中线一期工程干线文物保护工作中，沿线各省文物、调水、移民部门积极配合、协调，工程涉及的文物保护项目顺利实施，成效显著，实现了文物保护与工程建设双赢目标，文物保护成果斐然。

第一节　专项设施迁建实施的内容和程序

一、实施内容

工程建设涉及迁建的专项设施主要包括水利、交通、电力、电信、通信、有线电视、供排水、供气、供热、电缆、石油管道、水文站、军事、永久测量标志等专业项目的恢复建设；工矿企业、城镇和集镇的迁建；搬迁集中安置区的供水、供电、排水、交通、文教、卫生等基础设施配套；文物古迹的保护或迁建等。

二、实施程序

（一）技施阶段设计工作

专项设施恢复建设技施阶段设计工作，由组织实施单位负责委托选择符合资质要求的单位进行限额设计。编制设计预算包括建筑工程费、机电设备及安装工程费、金属结构设备及安装工程费、临时工程费、独立费用和预备费，独立费用中包括建设单位管理费、设计费、测量费、勘探费及其他费用。

（二）投资包干使用

专项设施恢复建设按照批复的初步设计确定的规模、标准和内容实施，按设计单元工程以县（市、区）为单位（跨县的以市为单位）对批复的概算投资包干使用，允许内部调节。因扩大规模、提高标准（等级）或改变功能需要增加的投资，由有关单位自行解决。

（三）严格履行基本建设程序

水利、交通、基础设施建设等较大型专项设施恢复建设，严格按国家基本建设程序办理，由实施单位招标（或委托）选择设计、监理、施工单位，在实施中遵守相关行业规程、规范。

（四）电力、通信等线路专项设施迁移恢复

在初步设计调查时，权属单位或主管部门按行业标准规范，由相应资质设计单位编制迁移设计方案，经评审后列入征迁安置整体初步设计。初步设计批复后，由县（市、区）南水北调主管部门与权属单位或主管部门签订投资包干协议，按设计概算投资包干使用。

（五）资产移交

专项设施恢复建设竣工验收后，及时办理资产移交手续，交由原权属单位进行运行管理或使用。

（六）与主体工程结合

电力、通信、供水等需迁建的专项设施恢复，与南水北调工程管理所需供电、通信、供水等结合实施。在灌溉排水、交通等专项设施恢复时，充分考虑地方水利规划、交通规划、城镇规划和新农村建设。对于与主体工程交叉的水利、交通等工程，在同等条件下，优先考虑由承担主体工程施工的企业一并实施。

（七）直接补偿

不需要恢复建设的专项设施，由实施单位与专项设施的权属单位或主管部门协商后签订协议，将补偿资金直接拨付给专项设施的权属单位或主管部门，由接受补偿资金的单位限期拆除。

（八）验收

对于直接补偿或恢复改建后专项设施，由实施单位组织设计单位、监理单位、主管部门、项目法人等相关单位和部门开展验收工作。

三、相关各方职责

（一）按照“目标统一、协调管理、各负其责”原则明确职责

1. 省级南水北调主管部门

负责全省南水北调工程专项设施拆迁恢复实施工作的指导、检查和监督；组织审查并批复需要动用征迁安置预备费的专项设施变更设计方案及掉项、漏项专项设施设计方案。

2. 市级南水北调主管部门

负责本行政区内南水北调工程专项设施拆迁恢复实施工作的管理、指导、检查和监督；组织审查并批复投资包干范围内专项设施设计方案；组织跨县（市、区）专项设施拆迁恢复的实施工作。

3. 县级人民政府

县级人民政府是南水北调工程专项设施拆迁恢复实施管理的责任主体，县级南水北调主管部门负责专项设施的具体组织实施。

4. 水利、交通、电力、通信等市、县级行业主管部门和权属单位

负责督促、协调，落实本行业、本部门专项设施迁建工作，包括参与实施阶段恢复方案的编制审查、实施指导检查和初步验收等工作。确保符合基本建设等有关程序，又能满足进度和质量要求。

5. 项目法人及现场建设管理机构

参与专项设施拆迁恢复的实施协调及验收工作。对于与主体工程结合实施的专项设施迁移项目，尽早提出实施计划，并与县级南水北调主管部门沟通。

（二）建立协调机制或联席会议制度

为加强协调配合，确保专项设施迁建和新建任务的顺利实施，国家和省级层面上，由南水北调主管部门与相关行业主管部门建立了协调工作机制或联席会议制度，成立了协调工作组或联席会议办公室。

协调工作组或联席会议办公室采取召集会议、集中安排、分头办理、限时

办结的方式开展工作。原则上每季度不定期召开一次会议，调度上次会议确定事项完成情况，安排部署下一步工作任务。遇到紧急事情需要磋商时，可临时召集有关成员，召开会议。

四、专项设施迁建验收

（一）验收依据

（1）国家、省有关法律、法规、规程和规范性文件。

（2）经批准的征迁安置初步设计文件、设计变更文件。

（3）已签订的专项迁建任务及投资包干协议。

（4）经批准的征迁安置技施阶段设计文件、设计变更文件。

（5）征迁安置实施中有关招投标文件及合同、协议文件。

（6）相关行业验收的规范、规定。

（7）其他与征迁安置验收有关的文件、记录等资料。

（二）验收程序

专项迁建验收具备的条件为各专项设施补偿到位，已经全部拆除或迁建完毕，不影响工程建设，可开展验收。专项迁建验收由县级南水北调主管部门或者实施单位组织，根据验收项目内容不同，可组织政府有关部门、设计、征迁安置监理、实施单位、权属单位、项目法人等相关单位参加。

专项迁建验收基本程序如下：

（1）宣布验收会议程序，成立验收委员会。

（2）查勘项目实施现场或观看现场录像。

（3）听取验收项目实施管理（根据需要编制概算执行情况内容）工作报告。

（4）对工作报告进行质询并查阅项目档案资料。

（5）讨论并形成验收鉴定书。

（三）验收结果

专项迁建验收以不同内容的项目为单位分别进行组织。多个项目同时完成任务，可一并组织验收，并形成验收鉴定书。

第二节　专项设施迁建的处理

一、专项设施迁建的特点

南水北调干线工程专项设施迁建影响因素繁多，工程建设施工交错复杂。

（1）工程线长、面广，专项设施涉及电力、交通、通信、管道、军事、企事业单位，内容繁杂，要求掌握各种各样的专业迁建知识，对组织者和参与者要求素质高。

（2）地下埋藏的管道、电缆、光缆等专项设施多，容易遗漏。可行性研究调查、初步设计调查和技施阶段实物量调查各个阶段，存在专项设施掉项漏项，往往引起投资、工期等系列影响，给组织实施带来很大困难。

（3）初设批复到迁建实施跨度时间长，实际实施费用随着物价涨高，实施协调难度大。专项迁建按照“三原”原则组织实施，因时间的推移和社会经济的快速发展，部分专项迁建技施阶段利益之争导致迁建周期变长，需要超常规加大工作协调力度。

（4）部分权属单位审批程序复杂，协调周期长。在铁路、电力、通信、军事等专项设施迁建中，因各级权限问题，往往导致专项迁建前期协调审批占用周期长。

（5）南水北调工程经过多个城市规划区或城乡结合部，经济发达，各类设施完备，境内专项设施更加呈现复杂性、多样性和交叉性等特点，给调查复核工作带来一定的困难。

二、专项设施迁建的不同类型

南水北调干线工程专项设施迁建的关键是落实迁建方案和投资。根据迁建方案及投资确定的不同，可将专项设施分为三类：一是初设批复报告中已计列且实施预算等于或者小于初步设计批复概算；二是初设报告中虽然已经统计，但是所列概算不足以完成实施阶段的迁建任务，需要变更方案增加迁建投资；三是初设报告中没有统计，属于缺漏项问题，需要编制专门的实施方案，组织专家评审并批复后实施。

三、专项设施迁建的处理方式

（一）初设批复中已计列且实施预算在批复概算内的专项设施

对于初设批复中已经计列、且实施预算在初设批复概算内的专项设施，这类专项设施设计深度满足了实施要求，实施预算与初设批复概算相差无几，实施起来难度较小。由县级南水北调主管部门与有关产权单位直接签订专项设施迁建协议，将迁建任务委托给产权单位实施，一般投资也按初设批复概算包干，但对于实施阶段经过复核确定工程量变小的专项设施，也可按复核后的投资包干，结余的资金由各县（市、区）在本辖区内调剂用于征迁漏项、设计变更等支出。包干协议中关于产权单位的责任重点分保证专项迁建工程质量合格与专项设施迁建后要满足用地要求两项。对于专项设施迁建完成后的验收，由县级南水北调主管部门组织，也可由实施单位自行组织。

（二）初设批复中已计列但实施预算超过批复概算的专项设施

初设批复中已计列、但实施预算超过初设批复概算的专项设施，其出现的原因主要有两方面：一是初步设计阶段未委托专业设计院设计或者设计深度不够，不能满足实施要求；二是实施阶段发生变更，如因穿铁路或者高压电线等，需要更改原设计方案导致投资增加。这类专项设施的迁建方案一般都编入了实施阶段征迁安置县级实施方案中，经专家评审并由省级批复后，突破原初设批复概算的问题就迎刃而解了。这类专项设施迁建的投资可调剂征迁包干结余资金解决，也可从征迁安置预备费中列支。投资问题解决后，后续的签订协议和组织实施工作与第一类专项设施的解决方法同样处理。

（三）初设批复中没有计列的（漏项）专项设施

由于专项设施涉及行业庞杂，产权单位众多，特别是一些地埋的光缆、管道等隐蔽性较强，同时受调查时间的限制，初步设计阶段很难做到没有漏项。对于这类初设批复中没有计列、征迁实施过程中发现的专项设施，需要由产权单位委托有资质的专业设计单位进行专题设计、编制实施方案，报给县级南水北调主管部门，由县逐级上报。根据工作需要，由省或市南水北调主管部门组织专家进行评审，由省或市南水北调工程建设指挥部批复后实施。这类专项一经发现，就需要马上迁移，否则会影响工程施工，所以一次设计就要达到施工图深度。而这类项目直接由产权单位委托专业设计单位设计，也能够确保设计深度达到施工图深度，满足实施要求。此类专项迁建所需投资一般从征迁安置预备费中列支。

第三节 专项设施迁建实施

一、加大公告力度

（一）初设调查阶段

由地方南水北调领导机构（或主管部门）在报纸、电视等新闻媒体广泛刊登工程迁建公告（包括线路走向、迁建范围等），通告和督促各专项设施产权单位及时申报受影响专项设施，特别是地下等隐蔽专项。

（二）实施阶段

由地方南水北调领导机构（或主管部门）进行广泛公告，督促产权单位抓紧迁建所属专项设施；因地下专项隐蔽性强，前期初设调查中难免缺漏项，该阶段的公告也可以提醒有关产权单位加大对南水北调工程建设范围的关注，随时发现可能因工程建设影响的缺漏项专项设施，以便及时申报列入迁建范围。

二、初设阶段设计单位加大调查的力度和深度

专项设施作为征迁安置实施内容中的重要部分，其征迁投资很多时候是除征用土地补偿外最大的项目。而根据国家南水北调工程征迁实行投资和任务包干责任制的规定，初设阶段征迁概算一经国家审查批复后，没有特殊原因是不会变动的。鉴于此，设计单位在初设阶段加大了对专项设施的调查力度和深度，力争不掉项、少漏项；同时，在征迁主管部门的支持下，对征迁范围内专项设施产权单位进行全面的调查，了解工程实施是否影响该单位的某些专项，确保将调查到的专项设施纳入初步设计报告。

三、实施阶段及时处理设计变更或漏项项目

由于专项设施涉及行业部门庞杂，某些专项设施特别是地下的专项隐蔽性强，初设阶段调查时设计深度满足不了实施要求（批复概算不足以完成迁建任务），因而缺漏项现象仍会发生。实施过程中对这些设计变更或者漏项项目及时进行了处理，由专业部门委托相关单位编制专项设施迁建实施方案，由省级或市级南水北调主管部门组织专家评审、批复后实施，迁建资金可使用预备费或者调剂征迁包干资金解决。

四、建立完善的工作机制

（一）坚持政府主导

南水北调征迁安置工作实行“政府领导、分级负责、县为基础”的管理体制，专项设施迁建作为征迁安置工作的一部分，也坚持了这一体制，由政府发挥主导作用。特别是涉及一些国有大型企业或者垄断行业的专项，必须发挥政府强有力的协调作用，才能确保顺利达成迁建协议，按期完成迁建任务。

（二）加强行业管理

专项设施如电力、通信等行业很多是垂直管理的，有时在某县（市、区）范围的通信设施，其管辖权却归省级甚至某中央企业管理，有关行业进一步加

强本行业的管理，督促和引导本行业的各级专项设施权属单位积极支持国家重点工程建设、维护国家大局。

（三）确保“又好又快”

在专项设施迁建中，建设方、施工方、地方与专项权属单位建立了快速反馈沟通协商机制，对于迁建方案、具体实施计划、完成工期等及时沟通协商达成一致，确保迁建任务顺利完成。

五、采取委托代管的方式

由于专项设施专业性强，迁建协调难、牵扯精力大，为集中精力做好附着物清除、征地交付等工作，也可以采取委托代理机构代为管理本辖区内专项设施迁建工作，这种模式适合于直辖市，如北京市就采取了这种模式。

北京市南水北调工程专项设施包括军用设施和民用设施两类。军用设施迁建，因保密需要，根据中国人民解放军总参谋部要求，由北京市南水北调办委托北京市三泰通地勘察技术有限公司作为代理机构，组织实施各种军用管线改移和其他军队所属设施拆改工作，并代签军用管线改移及军队所属设施拆改协议。民用设施迁建，选择熟悉市规划、国土、建设等部门行政审批程序的北京首建建设有限责任公司作为代理机构，负责组织干线北京段专项设施迁建（不包括军用管线）工作。专项设施迁建具体实施采取三种模式：补偿产权人并由产权人自行实施迁建模式、产权人指定迁建施工单位实施模式、招投标确定迁建施工单位实施模式。中线局会同北京市南水北调办通过招标确定北京致远工程建设监理有限责任公司，对上述后两种模式的项目实施监理。

第四节　文物保护处理

南水北调工程穿越中国古代文化、文明的核心地区，东线、中线一期工程线路连接着夏商文化、荆楚文化、燕赵文化、齐鲁文化等中国历史上重要的文化区域，涉及文物点多面广，价值非常重大，文物保护工作受到全国上下一致的重视和关注。

一、东、中线一期工程文物保护规划的论证与审批

自20世纪90年代起，南水北调工程丹江口水库库区的文物调查工作已经陆续展开，并取得了一定成果。南水北调东、中线一期工程文物调查工作始自2002年，各省文物部门联合设计单位、考古部门、文物考古工作者对工程沿

线文物点进行深入细致的调查和勘探，对初步调查成果进行了复核、确认和论证。2004 年 11 月和 12 月山东省和江苏省分别编制完成东线工程山东段和江苏段文物保护专题报告，2005 年 12 月长江委水利勘测设计院编制完成中线一期工程文物保护规划。

在工程总体可行性研究报告审批阶段，为推进南水北调东、中线一期工程文物保护工作，国务院南水北调办和国家文物局联合组织工程沿线工程主管部门、文物主管部门实施了三批控制性文物保护项目，共计 276 项。

2009 年 8 月，国务院南水北调办与国家文物局组织文物、水利相关方面专家对由南水北调中线干线工程建设管理局等会同中线、东线一期工程沿线各省文物部门联合上报的文物保护初步设计、投资概算进行了审查，2009 年 10 月国务院南水北调办批复了南水北调东、中线一期工程初步设计阶段文物保护方案。

2011 年 6 月国家文物局和国务院南水北调办分别批复了遇真宫保护工程设计方案及概算投资。

二、东、中线一期工程文物保护实施管理模式

在开展的初期阶段，南水北调工程文物保护工作建立了“国家文物局主导，中央相关各部门共同参与协调”的领导机制。2004 年 5 月，国家文物局、发展改革委、水利部和国务院南水北调办成立了工作协调小组，负责研究、协调和解决南水北调文物保护前期工作中的重大问题，并先后召开 5 次协调会议。

2008 年 3 月，国家文物局和国务院南水北调办联合颁发了《南水北调东、中线一期工程文物保护管理办法》和《南水北调工程建设文物保护资金管理办法》。其中规定：省级文物主管部门是本辖区内南水北调工程文物保护工作的责任主体，项目法人根据协议将经费全额支付给相关省市征地移民主管部门，省市征地移民主管部门与省市文物主管部门签订工作协议，省市文物主管部门按照协议组织实施。这是我国第一次针对工程建设文物保护工作制订的专门的规章制度，对文物保护工作具有重要意义。

为适应工程需要南水北调工程沿线各省文物、调水、移民部门积极配合、协调，制定了专门的管理办法，成立了专门机构。为适应工程的需要，各地创新工作思路，制定了招投标、监理、检查、验收等各项制度，强化管理，深化工程建设中文物保护的管理机制，有力保障了南水北调工程文物保护工作的顺利开展。

三、东、中线一期工程干线文物保护实施成果

（一）文物保护工作原则及措施

（1）贯彻“保护为主，抢救第一，合理利用，加强管理”的方针，制定保护方案，纳入移民安置规划。

（2）坚持“文物优先”的理念。文物保护工作是南水北调工程顺利建设的先行条件，工程开工之前，先期进行文物调查，摸清文物家底，形成文物保护规划，为进一步实施提供坚实基础。

（3）坚持既有利于工程建设、又有利于文物保护的原则，合理衔接文物保护工作和工程建设进度，提前进行必要的文物保护工作。对保护工作量大、保护方案复杂、实施时间较长的控制性文物保护项目，先行确定和实施控制性文物保护项目。

（4）遵循“重点保护”的原则，对于国家重要的文化遗产，要尽可能采取各种措施把文物损失降到最小程度。当工程渠线与文物保护出现冲突时，对于具有重要价值需要原址保护的文物，采取改变工程线路避让文物的做法，为重要文物“让路”、“改线”，最大程序地保护文物的环境信息。

（5）严格执行“依法保护”的原则。对于施工过程中发现的文物或古遗址、古墓葬，立即报告有关文物行政部门，并妥善保管出土文物，暂停施工作业并保护好文物现场。确认属于特别重大、重大突发文物应立即启动文物保护应急预案。

（二）主要成果

南水北调东、中线一期工程干线文物点涉及415处，其中东线101处，中线314处。自2004年以来，经过中央有关部委、各省文物部门、各地高校和科研院所文物工作者的努力，绝大多数保护工作得到了及时、有效的规划和实施。发掘清理了一大批古生物与古人类地点、古代文化遗址和古代墓葬，搬迁保护了多处古建筑、革命文物等地面文物，清理出土了包括石器时代、青铜时代、战国秦汉以后等时期的石斧、青铜器、玉石器、骨器、陶器、金银器等各类文物，具有重要的历史、艺术、科学价值。河南鹤壁刘庄遗址、河南安阳固岸北朝墓地、河南荥阳关帝庙遗址、河南荥阳娘娘寨遗址、河南新郑胡庄遗址、河南新郑唐户遗址、河北磁县东魏元祜墓、山东高青陈庄西周城址等9个南水北调考古项目陆续入选当年度的“全国十大考古发现”，河南新郑胡庄墓地、河南新郑唐户遗址、河南荥阳关帝庙遗址等3个项目还荣获了国家文物局田野考古质量奖。

考古资料整理和报告出版工作也同步进行，北京、河北、湖北等省（直辖市）陆续出版了专项考古报告和出土文物专题图录，及时公布最新工作成果。同时，各省（直辖市）还举办了南水北调文物保护工作专题展览，取得良好的社会效益。

在课题研究方面，山东寿光双王城库区的盐业考古研究，被列为国家文物局“指南针计划”专项试点研究“早期盐业资源的开发与利用”的子课题和教育部重大项目“鲁北沿海地区先秦盐业考古研究”课题。

四、文物保护在干线工程中的实践

南水北调东、中线一期工程干线文物保护工作主要是对工程沿线A、B、C级地下文物进行考古发掘；地上文物规划搬迁重建、原址保护、登记存档、部分建筑复建等。尽可能采取各种措施把文物损失降到最小程度，及时保护国家重要的文化遗产，同时保证工程建设项目顺利实施。在选线论证阶段，各地政府与勘测设计单位就注意绕开沿线上的重要文物，例如已绕开河南省安阳殷墟、郑韩故城、府城遗址、孟庄遗址、潞王坟及河北省邯郸赵王城、赵王陵等国家级文物保护单位和北平皋遗址、山阳城、讲武城等省级文物保护单位，以保护中华民族珍贵的文化遗产。在工程实施过程中，随着考古发掘工作的开展，对新发现的具有重要价值需要原址保护的文物也采取了改线避让的做法。如东线山东段济南至引黄济青明渠段为陈庄遗址改线避绕是典型案例。

陈庄西周遗址原位于济南至引黄济青段工程明渠段工程范围内。2010年年初，济南至引黄济青段工程除明渠段外的其他3个单元工程已开工建设，明渠段工程初步设计已完成审查，工程红线范围已经确定，即将开工建设，并且根据国务院确定的东线一期工程2013年通水目标建设，工期相当紧张。由于新发现的陈庄遗址重要的历史和科学价值，最后确定调整南水北调输水干线设计方案，对该遗址实施原址保护。国务院南水北调办将明渠段输水工程中的高青陈庄遗址影响段划出作为一个独立的设计单元，组织工程建设、文物部门以及当地政府经过大量测量、工程设计和征迁调查等工作，提出了多套方案，对5个比选方案都进行了详细初步设计，经对方案进行多次优化，确定了绕村明渠输水方案，避绕陈庄遗址，确保遗址的整体保护。原明渠段陈庄段工程方案线路为11.305km，投资为15074万元；调整后方案线路为13.225km，投资为30047万元，增加了投资近1.5亿元。

为配合南水北调东线山东段工程建设，自2008年10月至2010年1月，山东省文物考古研究所对陈庄遗址进行了考古勘探和发掘工作，发现西周早中期城址、西周贵族墓葬、祭坛、马坑、车马坑等重要遗迹，出土大量陶器及较多的骨器、铜器、玉器等珍贵文物。陈庄遗址出土的城址、祭坛、车马坑、带“齐公”铭文青铜器及墓葬等具有科学、历史、文化等多项重大价值，该古城遗址是齐国考古史上划时代的重大发现，分别被国家文物局和中国社科院评为“2009 年中国考古十大新发现”和“2009 年中国考古六大新发现”。经国内权威专家论证，初步认定该城址为姜太公所建齐国初都“营丘”，对研究西周和齐国早期历史具有重大深远的地位和影响。2013 年 5 月，被国务院核定公布为第七批全国重点文物保护单位。

第十二章

用 地 手 续 办 理

征地手续获得国家批复并取得土地证是征地工作最终合法化的标志。南水北调东、中线一期工程干线永久征地43万余亩，线路全长2400多千米，途经县、乡、村数量众多，征地手续及土地证的办理十分复杂、难度大。在党委政府的领导和支持下，各级南水北调办事机构与同级国土资源、林业等行政主管部门密切配合、通力协作，研究攻克了耕地占补平衡指标紧缺、有关税费计列标准较低等一系列难题，用地手续办理取得了显著成效。

第一节　用地预审和先行用地手续办理

一、用地预审手续申报

（一）用地预审需提交的材料

南水北调干线工程申请用地预审手续，按国土资源部《建设项目用地预审管理办法》规定提交下列材料：

（1）建设项目用地预审申请表。

（2）建设项目用地预审申请报告。内容包括拟建项目的基本情况、拟选址占地情况、拟用地面积确定的依据和适用建设用地指标情况、补充耕地初步方案、征地补偿费用和矿山项目土地复垦资金的拟安排情况等。

受国土资源部委托负责初审的国土资源管理部门在转报用地预审申请时，应当提供下列材料：

（1）依据《建设项目用地预审管理办法》第十一条的有关规定，对申报材料作出的初步审查意见。

(2) 标注项目用地范围的县级以上土地利用总体规划图及相关图件。

(3) 属于《土地管理法》第二十六条规定情形，建设项目用地需修改土地利用总体规划的，应当出具经相关部门和专家论证的规划修改方案、规划修改对规划实施影响评估报告和修改规划听证会纪要。

(二) 预审内容

(1) 建设项目用地选址是否符合土地利用总体规划或经批准的国家、省有关发展规划，是否符合土地管理法律、法规规定的条件。

(2) 建设项目是否符合国家和省供地政策。

(3) 建设项目用地选址是否合理，包括是否确需占用农用地、可否调整占用非农用地等。

(4) 建设项目用地标准、投资强度和总规模是否符合有关规定（建设用地指标体系、有关设计规范）；对因工艺流程、生产安全、环境保护、地质条件、地形地貌等有特殊要求的建设项目，确需突破建设用地控制标准的，需补充提供有关材料。确属合理的，方可通过用地预审。

(5) 建设项目占用耕地的，补充耕地初步方案或资金安排落实方案是否可行，所需资金是否按法律法规规定的标准计列入投资概预算中并有保障。

(6) 建设项目占用农用地的，建设项目审批（核准或备案）后可否落实土地利用年度计划。

(7) 属《中华人民共和国土地管理法》第二十六条规定情形，建设项目用地需修改土地利用总体规划的，土地利用总体规划的修改方案、建设项目对土地利用总体规划实施影响评估报告等是否符合法律法规的规定。

二、南水北调干线工程用地预审手续办理

(一) 2005 年 6 月前的办理规定

在 2005 年 6 月前，南水北调东、中线一期干线工程各单项（单元）工程用地预审手续由各省（直辖市）自行办理，各省（直辖市）南水北调主管部门按规定提交建设项目用地预审申请表、申请报告等，由各省（直辖市）国土资源行政主管部门初审后，向国土资源部转报用地预审申请。

(二) 2005 年 6 月后的办理规定

2005 年 6 月后，为加快南水北调工程用地预审手续办理工作，国务院南水北调办统一协调办理了剩余工程的用地预审手续。先由各省（直辖市）南水北调主管部门将辖区内各单项（单元）工程用地预审申请材料通过项目法人上报国务院南水北调办，国务院南水北调办负责汇总后转报给国土资源部，省去

了省级国土资源行政主管部门的初审步骤，国土资源部统一以《关于南水北调东线（中线）一期工程建设用地预审意见的复函》批复了剩余工程的用地预审手续。

三、先行用地手续申报材料

先行用地是指由国务院批准用地的地方批准（核准）建设的民生工程、基础设施、生态环境和灾后重建项目，不占用基本农田的控制工期的单体工程在申请报批用地时，由于工期紧，对控制工期的进场道路、导流涵洞（渠）、输电设施等用地。在查清所需使用土地的权属、地类、面积，兑现被用地单位群众的地上附着物和青苗补偿费，妥善处理好先行用地有关问题的前提下，经有批准权的一级人民政府土地行政主管部门同意，可以先行用地，但须在半年内办理正式用地报批手续。

在《关于加强耕地保护促进经济发展若干政策措施的通知》（国土资发〔2000〕408号）中已明确要求了基础设施项目的控制性工程经过批准后，可以先用地，然后办理用地手续。凡国家立项的重大建设项目、依法由国务院批准用地的地方批准（核准）建设的民生工程、基础设施、生态环境和灾后重建项目的控制工期的单体工程，以及有工期要求或受季节影响急需开工工程的用地，建设单位可申请先行用地。先行用地须报国土资源部批准。

南水北调工程属于单独选址建设项目，用地存在报批周期长、报批材料复杂等问题，特别是控制工期的单体工程，以及有工期要求或受季节影响急需开工工程的用地，在完成项目批准（核准）与初步设计后，要及时向国土资源主管部门申请先行用地。批准先行用地的建设项目，要在半年内正式报批用地。

控制工期的单体工程先行用地报批需要如下材料：

（1）省级国土资源行政主管部门请示文件（含单体工程名称、位置、用地规模和耕地面积，省级项目单体工程是否占用基本农田等情况）。

（2）建设项目用地预审批复文件。

（3）建设项目批准（核准）文件。

（4）建设项目初步设计批准文件或国家有关部门确认工程建设的文件。

（5）市、县国土资源行政主管部门对申请先行用地的征地补偿标准和安置途径有关情况说明（附建设单位拨付征地补偿费用的凭证、被征地村组和群众对征地补偿标准和安置途径的意见、动工前将征地补偿费发放到被征地村组和群众的承诺）。

（6）申请先行用地的工程位置示意图（附电子版）等。

四、先行用地手续报批程序

（1）项目法人向省级南水北调办事机构提出先行用地申请，并报送相关办理先行用地手续相关材料。

（2）省级南水北调办事机构行文给省国土资源行政主管部门，省国土资源行政主管部门初审。

（3）省国土资源行政主管部门初审通过后出具初审意见，并作为附件行文给国土资源部申请办理先行用地手续。

（4）国土资源部批复先行用地手续。

第二节　使用林地手续办理

一、林地征用办理程序

（一）使用林地审核审批的受理

申请使用林地材料上报后，县级林业主管部门对申请材料进行确认，并组织工作人员对申请使用林地进行现场查验，编制现场查验报告。林业主管部门自受理使用林地申请之日起 15 个工作日内提出具体明确的审查意见，留存一套申请材料后，逐级报省级林业主管部门审核、审批。使用林地须由国家林业局审核审批的，省级林业主管部门正式行文上报审查意见，并附具一套申请材料、恢复森林植被措施和现场查验报告。

（二）使用林地审批权限

永久使用防护林或者特种用途林林地面积 $10hm^2$ 以上的，用材林、经济林、薪炭林林地及其采伐迹地面积 $35hm^2$ 以上的，其他林地面积 $70hm^2$ 以上的，须由国家林业局审核；低于上述规定数量的，由省（自治区、直辖市）林业主管部门审核；永久使用重点林区林地的，由国家林业局审核。

临时占用防护林或者特种用途林林地面积 $5hm^2$ 以上、其他林地面积 $20hm^2$ 以上的，由国家林业局批准；临时占用防护林或者特种用途林林地面积 $5hm^2$ 以下、其他林地面积 $10hm^2$ 以上 $20hm^2$ 以下的，由省（自治区、直辖市）林业主管部门批准；临时占用除防护林和特种用途林以外的其他林地面积 $2hm^2$ 以上 $10hm^2$ 以下的，由设区的市和自治州林业主管部门批准；临时占用除防护林和特种用途林以外的其他林地面积 $2hm^2$ 以下的，由县级林业主管部门批准。临时占用林地的期限一般不超过两年，并不准在临时占用的林地上修筑永久性建筑物；占用期满后，应恢复林业生产条件。

林地使用现状调查。对申请征用占用林地的，用地单位必须提供具有林业调查规划设计资质的设计单位作出的《使用林地可行性报告》或《使用林地现状调查报告》，否则林业主管部门一律不得受理和办理征占用林地审核或审批手续。使用林地面积 $5hm^2$ 以上的，要求编写《使用林地可行性报告》，编写规范参照《国家林业局关于印发〈使用林地可行性报告编写规范〉的通知》（林资发〔2002〕237 号）；使用林地面积 $5hm^2$（含）以下的，要求编写《使用林地现状调查报告》。

二、使用林地手续申报材料

按照《中华人民共和国森林法》《中华人民共和国森林法实施条例》等有关法律、法规规定，南水北调工程建设使用林地应向县级以上林业主管部门提出用地申请，凭使用林地审核同意书，办理建设用地审批手续。

南水北调工程使用林地申报材料主要包括使用林地申请表、项目批准文件、使用林地单位法人证明、林地权属证明材料、林地林木补偿协议（或补偿款拨付文件、补偿签证等凭证）、现场查验报告、使用林地可行性研究报告、恢复森林植被措施、森林植被恢复费缴费单据等。

三、使用林地手续办理工作做法

（一）建立工作联系机制

国家层面上，国务院南水北调办与国家林业局建立了使用林地协调工作机制；省级层面上，省南水北调办事机构与省林业厅（局）建立了使用林地手续办理工作机制和经常联系制度；市县级层面上，市县级南水北调办事机构与同级林业行政主管部门也建立了相应的机制。

（二）明确各方职责

在林地手续办理之初，以省级南水北调领导机构的名义下发办理使用林地手续通知，明确各级林业行政主管部门、南水北调办事机构的职责，并提出具体的时间节点要求。在林地手续办理的关键时期，省林业行政主管部门和省南水北调办事机构联合召开工程建设项目使用林地手续办理工作协调会，市、县林业行政主管部门和南水北调办事机构参加会议。会议研究确定有关征占用林地情况调查、权属落实、补偿标准确定、使用林地和采伐林木行政许可等事项；省林业行政主管部门和省南水北调办事机构分别就加快林地报卷及积极配合林业部门工作提出要求。

第三节　永久征地手续办理

一、南水北调工程用地申报材料

（一）文字材料

（1）永久征地请示文件和征地情况明细表。

（2）县级人民政府关于土地补偿合法性、安置可行性以及保障资金落实、征地前后被征地单位人均耕地等情况的说明。

（3）省、市国土资源行政主管部门的用地审查意见。

（4）建设用地申请表。

（5）建设用地呈报说明书、农用地转用方案、补充耕地方案、征收土地方案（收回有国有土地的，附收回土地协议书）、供地方案，又称“一书四方案”。

（6）建设拟征（占）土地分类面积汇总表。

（7）建设用地项目预审批复文件。

（8）建设用地项目可行性研究批复文件或其他立项批复文件。

（9）建设用地项目初步设计批准文件或其他设计批准文件。

（10）涉及占用林地的，附使用林地审核同意书。

（11）涉及地质灾害易发区的，附省国土资源行政主管部门地质灾害危险性评估备案证明；不涉及地质灾害易发区的，附市国土资源行政主管部门备案证明。

（12）涉及压覆重要矿床的，附省国土资源行政主管部门压覆矿产资源的意见。

（13）临时用地复垦方案审批材料。

（14）征地听证材料。对被征地农民自愿放弃听证的，附村组放弃听证证明；对不明确放弃听证又不申请听证的，附听证告知书和送达回证，由负责征地工作的县级国土资源行政主管部门出具放弃听证情况说明；对进行听证的，附听证笔录及负责征地的人民政府对土地补偿安置补偿方案修改完善的说明。

（二）图件资料

（1）补充耕地位置图，设区的市国土资源行政主管部门出具的补充耕地验收文件和验收表。

（2）1：10000 标准分幅土地利用现状图。

（3）土地勘测定界技术报告书和土地勘测定界图（由具有资质的土地勘测定界单位负责测绘和编制）。

（4）土地利用总体规划图。涉及土地利用总体规划调整的，附土地利用总体规划调整的有关材料、论证意见和听证材料；涉及占用基本农田的，附补划基本农田的材料、基本农田补划位置图。

（5）建设项目总平面布置图。在建设用地手续申报的同时，依次开展地上附着物的补偿兑付、征地补偿款的兑付、缴纳有关税费、附着物清除等工作，交付建设用地。

二、用地申报程序

南水北调工程用地属于国务院批准的单独选址的建设项目用地，用地申报程序如下：

（1）县级国土资源行政主管部门依法履行征地程序，按照国家有关规定组织报件，报县级人民政府。

（2）县级人民政府行文，报设区市人民政府。

（3）设区市国土资源行政主管部门审查同意后，报市人民政府呈报省人民政府。

（4）省国土资源行政主管部门审查同意后，报省人民政府呈报国务院。

（5）国务院国土资源行政主管部门审查同意后，批复建设项目用地。

三、南水北调工程永久用地手续办理工作做法

（一）工作机制和职责落实

1. 明确各方职责

国务院南水北调办认真履行职责，加强与部委的高层协调，切实推进手续办理工作。省直有关部门和市、县（市、区）人民政府要加强组织领导，健全协调机制，及时研究解决重大问题。按“提前介入，缩短周期，绿色通道”的要求，加快办理重点建设项目前期工作相关手续，为办理用地手续创造条件，确保建设项目依法顺利实施。基础设施项目征地的主体是地方各级人民政府，必须强化县级人民政府征地工作的责任主体地位。项目建设单位为用地主体，具体到南水北调工程则为各项目法人。项目法人应主动向当地政府及南水北调办事机构进行汇报，就征地补偿兑付、征迁安置、临时用地复垦、专项迁建等问题进行沟通协商，争取当地政府和办事机构的全力支持和配合。在征地迁占资金上，要优先保证，及时足额到位。

2. 建立相关工作机制

为促进工程建设用地手续办理工作，国家层面上，国务院南水北调办与国土资源部建立了建设用地协调工作机制，并成立了南水北调工程用地协调领导小组；省级层面上，省南水北调办事机构与省国土资源厅建立了南水北调工程建设用地协调工作机制，也成立了用地协调工作组；市县级层面上，市县级南水北调办事机构与同级国土资源行政主管部门也建立了相应的工作联系机制。南水北调工程征迁实施以来，国务院南水北调办与国土资源部多次联合发文并组织召开南水北调工程建设用地工作会议；在山东省，省国土资源厅分管厅长带领相关业务处室负责人两次到南水北调现场办公，对征地报卷、耕地占补平衡、临时用地复垦等工作进行了沟通交流，确定建立南水北调征地工作联系人制度，并达成尽快着手开展征地报卷工作的共识。此后，两厅（局）联合召开了六次征地报卷工作会议，厅（局）及业务处室之间形成了密切的工作交流制度。

3. 成立专门工作组，实行现场联合集中办公制

为尽快推进征地手续办理工作，各省纷纷采取了超常规措施，以山东为例，从2011年上半年开始，山东省南水北调办事机构安排专门干部和业务人员，负责征地报卷协调工作，包括与山东省国土资源厅等有关部门联络沟通，征地组卷报卷计划制定，征地组卷报卷方案落实等；从2011年下半年开始，山东省国土资源厅征地处组成专门工作组，进驻山东省南水北调局与有关单位现场联合办公，对各市、县上报的建设用地报批材料逐县、逐设计单元进行审查，由各市县国土资源局派出业务骨干，根据审查意见现场修改补正。各市县将报卷材料修改补正完毕，根据各设计单元征地情况，国土资源厅形成审查意见后进行省级合卷。这种现场联合办公的工作模式极大地提高了工作效率和报卷质量，保证了2012年年底完成组卷任务并上报国土资源部，也促进了山东省南水北调工程永久征地手续的办理进程。至2013年年底，山东省境内南水北调干线工程永久征地手续率先全部获得国家批复。

4. 加强沟通，及时调度

征地组卷报卷政策性强、技术标准要求高，涉及人员多、头绪繁杂、工作量大。如山东省为保障各项工作高效有序开展，省南水北调工程建设管理局重点加强了对各市县南水北调办事机构和勘测定界单位的调度。向各市县南水北调办事机构下发了《关于做好南水北调东线山东段工程建设用地报卷工作的通知》，要求各级加强建设用地报卷工作组织领导，抽调精干力量，组建专门工作班子，加强与国土部门沟通配合。为保证勘界单位能及时高效提交高质量勘

测定界成果，在关键时段，坚持“每天一调度、每周一例会”。

（二）出台便利和优惠政策

1. 统一办理工程建设用地预审手续

由国务院南水北调办会同有关部门组织各项目法人，以总体可行性研究报告为单位汇总整理用地预审材料，一次性向国土资源部申请用地预审。国务院批复的南水北调工程总体规划作为用地预审的依据。国土资源部出具的用地预审意见，作为批准总体可行性研究报告的必备材料。在此政策下，南水北调东线一期山东省南水北调工程两湖段、济南至引黄济青段、鲁北段、穿黄河、截污导流工程用地预审一次性批复，东线江苏省剩余工程一次性批复；中线一期河南省、河北省、湖北省剩余设计单元工程也全部得到批复，大大加快了征地前期工作进度。

2. 耕地占补平衡的特殊政策

耕地占补平衡问题曾一度成为制约南水北调建设用地报批的主要障碍。耕地占补平衡主要难在两个方面，一是由于近年来工程沿线省份耕地后备资源紧张，补充耕地指标成为极度稀缺的资源；二是国家批复的南水北调概算中，耕地开垦费标准偏低，以山东省为例，如批复山东省的最高标准是 1.1424 万元/亩，而在 2012 年，省内跨地市调剂的指标就已经达到了 3 万元/亩，而且由于其稀缺性，这一标准近年有大幅上升的势头。山东省采取了省内挖潜、立足各市县自行解决的方案：将其作为一项政治任务，凡是有备用耕地占补平衡指标的市县，优先满足南水北调的需要；实在无力自行解决的市、县，由省国土资源厅协调跨市县异地补充，山东省执行统一标准，按国家批复的南水北调耕地开垦费最高标准 1.1424 万元/亩执行。这一方案一举破解了制约该省南水北调建设用地报批的最大难题，大大提高了建设用地报批的工作效率。

3. 简化程序

改革用地报件审查方式，对县、市政府组织的用地报件，改变传统的由政府常务会议或办公会讨论通过为由主要负责人审签。省级国土资源部门业务审查由串联改为并联，并建立内部联动机制，将建设项目用地会审的具体内容与规划调整方案、基本农田调整补划方案、土地勘测定界验收等程序性工作，从由各相关业务部门分别审查改为建设用地会审阶段一并审查，分别出具审查意见；集中会审时，对在用地预审阶段已审查过的内容和方案，不再进行重复审查，只进行复核。

4. 简化征地报卷材料

简化建设用地审批程序和内容，合并土地审批相关事项。上报国务院或省

政府审批农转用、征收土地的单独选址项目用地和城市分批次用地，凡涉及土地利用总体规划调整的，规划调整方案随同建设用地报件一并报国务院或省政府审批。对报国务院审批的用地报件，按照国土资源部用地审批的要求办理。对报省政府审批的分批次用地材料，由现行的12项调整为10项。对上报省政府审批的单独选址项目用地报批材料，由现行的21项调整为14项。减少的报件材料由市级人民政府和国土资源部门把关审查，留存备案，纳入建设用地审批后的监管范围。用地报件中减少的报批材料要存档备查，可在审查意见中，对报件减少要件涉及的审批事项进行说明。

（三）强化技术管理

1. 强化规划管理，切实做到节约用地

由于南水北调工程占地规模较大，因此务必将节约用地的理念贯彻到规划设计中去。通过以下举措，可达到节约用地、保护耕地的目的，并且可以减轻后期办理征地手续的负担和难度：一是在可研阶段，要吸收土地管理相关专业的人才参与南水北调项目规划设计，依据土地利用总体规划进行选址选线，并专门对工程项目占地的必要性、占补平衡的可行性等进行充分论证和细化设计，方案比选时要将占地规模作为衡量方案优劣的重要指标；二是在初步设计阶段，要进一步对工程占地进行优化设计，尽量减少占地；三是在审查时，要有国土资源管理行业的专家参与，由国土资源行业专家对工程占地情况进行专题审查，避免不合理占地。

2. 加强设计管理，提高征迁安置规划设计深度

南水北调工程规划设计单位编制的初步设计报告经国家审查批复后，是实施阶段征迁安置任务与投资包干的基础，为提高规划设计的深度和精度，应采取以下措施：一是优化设计、节约用地，对于工程变更引起的新增建设用地，要贯彻优化设计、节约用地的设计理念，能够通过优化设计解决的，尽量通过设计优化消化；二是加强南水北调工程设计合同管理，合同条款中强化规划设计单位责任并落实奖罚措施，促使设计单位提高设计质量；三是早作安排，为设计单位留出充足的设计工作周期；四是搞好南水北调工程设计、施工组织设计与征迁安置设计等上下游专业的衔接，提高设计准确性；五是实物指标调查要准确、实事求是，尽量避免设计缺漏项问题的发生；六是征迁安置投资概算编制时土地补偿标准、类别应参考被征地位置土地利用现状图的地类、面积，附着物所采用的补偿标准要切合实际，尽量按照国家、省、市颁布的最新标准，提高概算编制精度。

3. 及时解决土地勘测定界工作难点

南水北调工程如遇到边界纠纷，应由国土资源部门及地方人民政府根据职责分工及隶属关系协调解决。涉及征占用林地的，由林业与国土资源部门会同确定，不能达成一致的由同级人民政府协调确定。解决土地权属争议应遵循以下原则：一是从实际出发，尊重历史，摸清争议土地的历史发展变化，查明引起变化的事实背景和当时的政策依据，确定争议产生的原因，密切与国土部门配合，在尊重历史的前提下，尽量维持土地利用的现状，适当照顾各方利益平衡，以合理划定地界、确定权属；二是现有利益保护的原则，在土地所有权和使用权争议解决之前，任何一方不得改变土地现状，不得破坏土地上的附着物，争议双方应本着保护现有利益的原则，不进行任何破坏土地资源，阻挠争议解决的行为。在涉及历史原因的集体土地争议中，如历史事实不清、相关政策或政策依据不明，应以土地实际占有的现状为依据确定权属关系。在国有土地因重复征用或重复划拨引起的土地争议中，也应本着“后者优先”的原则，按土地利用现状确定权利归属；三是国家土地所有权推定原则，按照先行的土地管理法，尤其是工程穿越城市市区的土地比较复杂，这部分土地属于国家所有，农村和城市郊区的土地除法律规定属国家所有的外，属于集体所有。事实上，在城市市区以外的很大一部分，还有面积广大的土地也属于国有土地，其中有一些是与集体土地相邻或者相互交错的。这种情况下，在国家与集体之间发生权属争议而已有的证据又不能证明权利归属时，应推定为国家所有。勘测定界测绘中根据《土地管理法实施条例》第二条第四项规定的精神，对于城市市区以外的土地，应采取国家所有权推定的制度，即凡是不能证明为集体所有的土地都是国有土地，实践证明在国家重点和大型工程征地中坚持这一原则能够起到至关重要的作用。

4. 改进线性工程单独选址用地报批方式

针对当前南水北调工程建设过程中存在的跨多个县、市的线型工程一同组件、一同报批，造成相互牵制的问题，根据用地组件报批进展情况和符合动工条件等情况，采取分段报批的方式呈报国务院审批用地。国土资源部发文认可了这种方式。

5. 充分利用好国土系统全国第二次土地调查成果

南水北调工程建设用地集中组卷上报时，国土系统已开始启动电子报盘程序，对于南水北调工程现场勘测定界确定的地类和边界，电子报盘有时不予认可，所以在现场勘测定界确定的地类和边界不被电子报盘接受时，应充分利用二次调查成果予以调整。

第四节　土地确权登记发证

国家《土地登记规则》要求建设单位应当在该建设项目竣工验收之日起三十日内，持建设项目竣工验收报告和其他有关文件申请国有土地使用权设定登记，进行土地确权，办理国有土地使用权证。

一、土地确权登记发证程序及内容

（一）土地登记程序及内容

土地登记依照下列程序进行：土地登记申请→地籍调查→权属审核→注册登记→核发土地证书。

土地登记应当包括下列内容：①土地权利人的姓名、名称、地址；②土地权属性质、来源；③土地坐落、四至及所在图幅号、地籍号；④土地用途、面积、等级、地价；⑤使用期限、终止日期；⑥登记日期；⑦法律、法规、规章规定的其他内容。

由于南水北调工程用地属划拨用地，办理登记时可不涉及地价、使用期限、终止日期等几项内容。

（二）南水北调工程用地的取得方式及划拨国有土地使用权设定登记

根据国土资源部《划拨用地目录》，南水北调工程用地属于国家重点扶持的能源、交通、水利等基础设施用地中的水利设施用地类，应该以划拨的方式取得。南水北调工程用地办理土地登记属划拨国有土地使用权设定登记。

划拨国有土地使用权设定登记是对一宗土地上新确认的以划拨方式取得的国有土地使用权进行的土地登记。土地使用权的划拨，是指县级以上地方人民政府依法批准，在土地使用者缴纳补偿、安置等费用后将该幅土地交付其使用，或者将国有土地使用权无偿交付给土地使用者使用的行为。除法律、行政法规另有规定外，没有使用期限的限制。

（三）地籍调查

地籍调查是一项政策性和技术性很强的基础性工作。依照国家的规定，通过权属调查和地籍测量，查清宗地权属、界址线、面积、用途和位置等情况，形成数据、图件、表册等调查资料，为土地注册登记、核发证书提供依据的一项技术性工作。地籍调查是土地登记的法定程序和基础工作。其资料成果经土地登记后，具有法律效力。其主要内容分为权属调查和地籍测量两部分。

1. 权属调查

权属调查是查清每宗土地的权属、界址、位置、用途、利用状况等，经土地所有者和土地使用者认定，并记录于地籍调查表，为土地登记的权属审核提供法律意义的调查文书凭证。权属调查时，需在现场标定权属界址点、线，绘制宗地草图，调查用途，填写地籍调查表，为地籍测量提供工作草图和依据。

2. 地籍测量

地籍测量是指在土地权属调查的基础上，利用测绘仪器，以科学的方法，测量每宗地的地籍要素，绘制地籍图，为土地登记提供依据。地籍测量是测绘技术与法律的综合运用。它以测定界址为重点，实地无论有无明显界线，都必须查明、测量界址点并将其反映在地籍图上。地籍测量的主要成果之一是地籍图，是制作宗地图的基础图件。宗地图是描述宗地位置、界址点线和相邻宗地关系的图件，是土地证的主要附件之一。

(四) 土地登记申请

1. 土地登记申请的含义

土地登记申请是指土地权利人或土地权利变动当事人按照规定向土地登记机关申请其土地权利状况或权力变动事项，请求在土地登记簿上予以注册登记的过程行为。根据国务院南水北调工程建设委员会印发的《南水北调工程建设管理的若干意见》，南水北调工程项目法人作为工程建设和运营的责任主体，是南水北调工程用地的申请人。申请人必须以书面形式申请土地登记，填写《土地登记申请书》。《土地登记申请书》是土地使用者、所有者及他项权利者申请土地登记的法律文书，是申请人向土地登记机关陈述其合法使用或拥有土地的权属来源和土地现状，请求对其土地权利给予法律承认和保护的一种书面申请表格式样。

跨县级行政区域的项目应当分别向土地所在地的土地登记机关申请登记。如南水北调东线一期济平干渠工程，跨山东省济南市的槐荫区、长清区、平阴县和泰安市的东平县，办理土地登记时由山东省南水北调工程建设管理局分别向工程所在地槐荫区、长清区、平阴县和东平县人民政府提出登记申请。

2. 土地登记申请人提交的文件资料

文件资料包括土地登记申请书、单位设立证明、法定代表人证明或者个人身份证明及户籍证明；土地权属来源证明；地上建筑物及其他附着物的合法产权证明；法律、法规、规章规定需要提交的其他文件资料。

《土地登记规则》第二十三条明确规定“新开工的大中型建设项目使用划

拨国有土地的，建设单位应当在接到县级以上人民政府发给的建设用地批准书之日起三十日内，持建设用地批准书申请土地预登记，建设项目竣工验收后，建设单位应当在该建设项目竣工验收之日起三十日内，持建设项目竣工验收报告和其他有关文件申请国有土地使用权设定登记”。南水北调工程属新开工的大中型建设项目，应按照该条款办理土地登记。

（五）权属审核、登记发证

1. 权属审核的含义

权属审核是土地登记机关对申请人提交的证明文件资料和地籍调查结果进行审核，再据县级以上人民政府土地登记机关的审核意见，决定对申请登记的土地权利和权力变动事项，是否准予登记的过程。权属审核应达到以下标准：权属合法、界址清楚、面积准确。

2. 权属审核

权属审核的内容包括对土地登记申请人的审核；对宗地自然状况的审核，主要是对宗地范围、面积、用途、等级和价格进行审核，其中宗地面积包括宗地总面积、地类面积、宗地内建筑面积，共用宗地的，还分为共有使用权面积、分摊面积，审核宗地时，应在图上或到实地逐一核对各类面积；对土地权属状况的审核。

3. 注册登记

注册登记是指土地登记机关对批准土地登记的土地所有权、使用权或他项权利进行登卡、装簿、造册的工作程序。它既是一种行政行为，又是一种十分严肃的法律行为。一经注册登记，土地权利即产生法律效力。

4. 发放证书

土地证书是土地登记卡部分内容的副本，由土地权利人持有，是土地使用者、所有者和土地他项权利者拥有土地使用权、所有权、他项权利的法律凭证，是土地权利人依法拥有对土地占有、使用、收益及处分权利的法律凭证。国有土地使用权的登记申请，经土地登记机关审核权属合法、界址清楚、面积准确的予以登记，由本级人民政府核发《国有土地使用证》。南水北调工程用地在办理完土地征用、土地登记等前期手续后，最终由工程所在地人民政府核发《国有土地使用证》。经依法登记确认的土地权利受法律保护，任何单位和个人不得侵犯。

（六）土地登记代理

土地登记工作面广量大、政策性和业务性都很强，非专业人士难以胜任。为了充分发挥市场机制，为土地权利人提供高效、便捷、安全的登记代理服务，我国近年来启动了土地登记代理制度。人事部、国土资源部联合发布的《土地登记代理人职业资格制度暂行规定》明确规定了土地登记代理人的业务范围：办理土地登记申请、指界、地籍调查、领取土地证书；收集、整理土地权属来源证明材料等与土地登记有关的资料；帮助土地权利人办理解决土地权属纠纷的相关手续；查询土地登记资料；查证土地产权；提供土地登记及地籍管理相关法律咨询；与土地登记业务相关的其他事项。

南水北调作为国家特大型水利工程，使用土地所涉及的地域范围广，时间跨度大，产权关系复杂。在办理土地登记时，一般以单元工程为单位，每个单元工程用地面积少则几百亩，多则上万亩，常常涉及数十、数百，甚至上千个权属单位。这种情况适合委托土地登记代理机构来完成相关工作。

二、土地确权登记发证办理

南水北调干线工程土地确权登记发证工作，沿线各省正在有序展开。目前，天津市境内工程土地确权证已移交南水北调中线建管局；山东省土地确权证已全部发证到位。下面以天津市、山东省为例介绍一下南水北调工程土地确权发证工作的办理情况。

（一）天津市南水北调工程土地确权发证情况

南水北调中线一期天津干线工程天津境内段长24.1km，涉及武清、北辰、西青3个区、5个镇、25个行政村和1个国有农场。工程永久征地85.84亩，临时用地6579.74亩。受南水北调中线建管局委托，天津市南水北调征迁中心负责办理天津干线天津市境内工程永久征地手续及土地确权证。经天津市勘察院予以永久征地勘界、市规划局同意规划选址和各区国土部门开展组卷等各种行政许可手续，2008年，天津市南水北调征迁中心向国土部门报送天津干线天津市境内工程永久征地手续，足额缴纳征地所需费用。经各方协调，天津干线天津市境内工程永久征地于2011年4月获国土资源部批准；2015年11月土地产权证核发工作全部完成，共办理产权证16本。

2017年7月27日，南水北调中线天津干线工程（天津市境内）土地产权证移交仪式在南水北调中线建管局天津分局举行。天津市南水北调办向南水北调中线建管局移交了土地产权证。南水北调中线工程第一批土地产权证顺利移交，标志着南水北调工程项目法人进入了依法持有、管理和经营不动产的新阶段，为南水北调中线其他段工程的土地证办理和移交工作起到了重要的示范作用。

（二）山东省南水北调工程土地确权发证办理情况

1. 方案立项和批复

2012年初，山东省南水北调工程建设管理局委托山东省水利勘测设计院、山东省国土测绘院编制了《南水北调干线工程山东段永久征地确权发证实施方案》。2012年2月25日，山东省南水北调工程建设管理局组织专家对该方案进行了评审。2012年4月1日，山东省南水北调工程建设指挥部批复了《南水北调东线干线一期工程山东段永久征地确权发证实施方案》和《南水北调东线干线一期工程山东段永久征地确权发证立项报告》。

2. 招标投标

2013年，山东省南水北调工程建设管理局经公开招标、评标，确定了山东省国土测绘院、山东省水利勘测设计院、山东正衡国土咨询勘测有限公司为山东省南水北调干线工程土地确权登记发证3家中标单位，其中山东省国土测绘院、山东省水利勘测设计院承担了山东省南水北调干线工程测绘和地籍调查任务，并约定由上述两家单位通过实地测绘、提取基础数据要素等构建整个干线工程3维演示模型；山东正衡国土咨询勘测有限公司承担了工程占用土地确权登记和发证任务。

3. 工作完成情况

在各级南水北调领导机构和办事机构的积极协调下，在各级国土资源行政主管部门的大力支持和配合下，工程测绘、地籍调查单位和发证单位全力以赴，攻坚克难，截至2017年，确权发证涉及的10个市30个县中，已完成了全部发证任务。

第十三章

临时用地使用与退还

南水北调工程临时用地45万亩，占地面积巨大，临时用地与永久征地相比，除了也需要征用交付之外，增加了更为艰巨的复垦退还任务。国务院南水北调办高度重视南水北调临时用地复垦工作，为确保临时用地及时复耕退还，2011年4月30日，国务院南水北调办印发《关于加快南水北调工程临时用地交付和退还工作的通知》，对南水北调工程临时用地交付、复垦、退还等工作提出了明确要求。工程沿线各省（直辖市）南水北调主管部门高度重视、认真研究，结合辖区实际，纷纷制定出台了关于临时用地交付使用和复垦退还的实施管理办法和奖励措施。地方市、县级人民政府及其南水北调主管部门积极贯彻落实国家、省关于临时用地使用和退还的政策规定，组织相关单位及时完成临时用地交付使用工作，保证了工程施工的需要，临时用地使用完毕后，又协调相关各方积极实施了临时用地复垦工作，确保了临时用地的及时退还。临时用地使用与退还流程如图13-1所示。

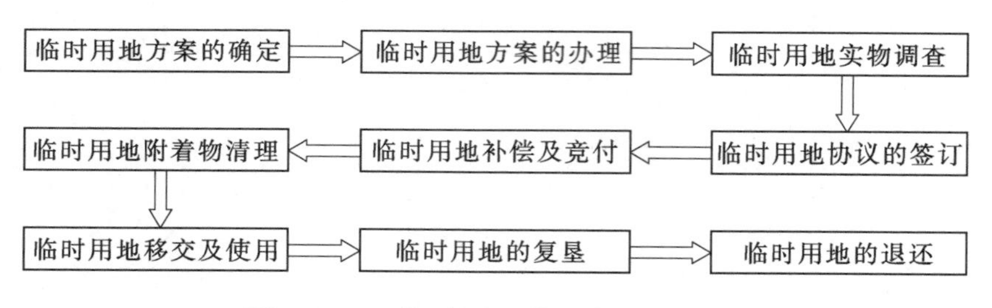

图13-1　临时用地使用与退还流程

第一节　临时用地交付

根据国务院南水北调办与有关各省（直辖市）签订的《南水北调主体工程

建设征地补偿和移民安置责任书》和各省（直辖市）与所辖各市（县、区）签订的《南水北调工程建设征地补偿、移民安置投资和任务包干协议书》中的内容，省级征迁机构负责本省内征迁安置工作，并负责协调办理相关工作。因此，干线工程临时用地前期准备工作主要由省级征迁机构及其辖属的各市（县、区）征迁机构负责。

一、临时用地方案的确定

（一）临时用地选址的原则

临时用地布置选址要与当地政府土地开发、整理相结合，充分利用荒地、未利用地等，尽量避开人口密集区、建筑物、专项设施、文物保护区、军事设施、农田及高附加值种植区等。临时用地的选址原则如下：

（1）取弃土区和弃土（渣）区选址与干线施工区距离控制在5km以内。

（2）合理设计工程本身的高程布置，取土区、取弃土区尽量选择地势较高的地区，做到挖、填平衡，减少弃渣占地。

（3）弃土（渣）区优先使用总干渠两侧附近的坑洼地和未利用地。

（4）施工道路要考虑地形以及施工影响，尽量利用已有线路，或与后期连接道路实施相结合。

（5）由于临时用地的征用，导致产生小块边角地或给相邻地块生产造成较大影响的，征迁设计单位要考虑采取适当方式予以处理。

（二）临时用地方案的制度

建设管理单位依据各个渠段的招标设计、现场施工组织设计，结合实际，会同设计单位、监理单位和县级征迁机构，合理确定了临时用地的位置、规模和使用时限，制定落实临时用地实施方案。

二、临时用地手续办理

（一）临时用地手续办理程序

南水北调干线临时用地是依照有关法律法规规定办理用地手续。根据相关法律法规规定，干线工程临时用地手续办理是由省级征迁机构负责协调办理。省级征迁机构根据临时用地实施方案，负责组织办理了相关报件，再由县级征迁机构向同级国土资源部门提出用地申请，并提供有关申请资料，办理临时用地手续。国土资源部门受理并审查相关资料，待审查批准后，颁发临时用地使用批准证书。

省级征迁机构负责协调报送有关报件至相关县级国土资源部门审批，办理临时用地手续。依据有关法律法规规定，办理临时用地手续要提供以下八项报件（未包括办理南水北调工程永久用地手续已经涉及的相关报件）：

（1）临时用地申请。

（2）临时用地位置图。

（3）临时用地平面布置图。

（4）临时用地复垦方案。

（5）临时用地协议书。

（6）临时用地补偿费支付凭证。

（7）城市规划行政主管部门同意临时建设的书面证明（在城市规划区范围内时）。

（8）林地、水利、环保等相关部门意见（涉及相关范围土地时）。

（二）使用林地审批意见

按照《占用征用林地审核审批管理办法》（2001年）（简称《林地审批管理办法》）和《占用征用林地审核审批管理规范》（2003年）（简称《林地审批管理规范》）相关规定，占用林地、砍伐林木等涉及林地项目的审批权限属政府林业主管部门。南水北调干线临时用地涉及林地时，按《林地审批管理办法》等有关法规规定程序进行了报批，办理占用林地相关手续。

1. 林地审批权限

《林地审批管理办法》和《林地审批管理规范》中规定用地单位需要临时占用林地的，应当向县级人民政府林业主管部门提出占用林地申请；需要临时占用国务院确定的国家所有的重点林区的林地，应当向国务院林业主管部门或者其委托的单位提出占用林地申请。

临时用地涉及林地时，省级征迁机构负责组织办理了相关报件，由县级征迁机构向同级林业主管部门提出用地申请，并提供有关申请资料，办理了相关手续。林业主管部门受理审查申请资料后，对现场进行查验，并逐级依照批准权限审批。审查批准后，林业主管部门核发使用林地审核同意书或批准文件。

2. 林地审批报件

《林地审批管理办法》和《林地审批管理规范》中规定用地单位申请临时占用林地，要填写《使用林地申请表》，同时提供下列材料：

（1）建设单位法人证明。

（2）项目批准文件。

（3）有资质的设计单位做出的项目使用林地可行性报告。

（4）被占用或者被征用林地的权属证明材料。

（5）与被占用林地的单位签订的林地、林木补偿协议。

（6）森林植被恢复费支付凭证。

（7）其他法律法规规定的材料。

临时用地涉及林地时，省级征迁机构负责组织办理以上林地审批报件。

三、实物调查

南水北调工程严格依照政策开展了临时用地实物调查工作，确保了实物调查工作的科学性，并做到了公开、公平、公正。临时用地拟征地块选址确定后，县级征迁机构组织国土部门、林业（需要时）部门、征迁设计单位、征迁监理单位、乡（镇）政府、权属人等对土地的权属、地类、面积和地面附着物、专项设施等进行了调查。涉及专项设施项目的，要由专项权属人或主管部门参加。实物调查成果以行政村为单位填表汇总，并由参与各方签字确认。整个临时用地调查过程都有影像记录，摄影内容包括临时用地的地类、主要附着物以及调查、签字掠影等。

四、编制临时用地复垦方案

设计单位根据实物调查成果，编制了临时用地复垦方案。县级征迁机构会同乡（镇）政府，组织有关行政村对设计单位编制的临时用地复垦方案出具认可意见。待认可后，由县级征迁机构报送同级国土资源部门审查批复。

五、签订临时用地协议

依据有关法律法规规定，临时用地的用地方、县级征迁机构与供地方签订了三方用地协议，用地协议中明确了临时用地的位置、地类和面积，补偿标准、数额和付款方式，用途、使用时限（明确供地起止时间）和延期责任，退还标准、复垦方式和返还标准等。涉及专项设施项目的，与专项部门签订相关协议，明确涉及项目的处理方式、补偿标准、迁改时间和责任等。

六、补偿公示及兑付

县级征迁机构负责组织补偿资金兑付工作。临时用地的补偿所在村进行公示时，接受群众监督。公示内容主要包括临时用地权属、地类、面积、地面附着物数量、补偿标准、复垦标准与返还时间等。

公示无异议后，按照临时用地协议约定的标准、数额、时间等及时向临时用地供地方兑付补偿资金。如有异议，市级征迁机构负责组织查清落实有关情况，会同设计单位、监理单位等现场核实，并由征迁设计、征迁监理提出了处理意见。

七、附着物清理及移交签证

县级征迁机构负责组织地面附着物清理工作。清理完毕后，市级征迁机构组织建设管理单位、县级国土资源部门、县级林业主管部门（涉及时）、县级征迁机构、乡（镇）政府、权属人、征迁设计和征迁监理等进行移交签证，把土地移交给建设管理单位，并办理移交签证手续，存档备案。标志着临时用地使用前准备工作的结束和临时用地使用的开始，同时意味着临时用地的监管责任转移至建设管理单位。

（一）土地移交清理标准

（1）青苗全部铲除。

（2）附属物全部清理。用地范围内的树木全部采伐清理，坟墓全部迁移，房屋全部拆除；10kV及以下电力线路、通信及广电线路全部迁建完成；或逾期未清理，但视为无主物，可由建设管理单位组织清理。

（3）保证满足工程施工需要。

（二）用地移交签证手续

办理临时用地移交签证手续具有很重要的作用。《临时用地移交签证表》的签订标志着管理责任的转移，它明确了临时用地移交时间，注明了临时用地移交存在的遗留问题，可减少不必要的争议。同时，对于自动放弃坟墓、房屋等附着物的一些产权人，要求写出书面承诺或协议书。

八、临时用地使用计划及移交程序

（一）临时用地使用计划

1. 使用计划内容

在临时用地的移交阶段，确定临时用地的使用计划。临时用地使用计划内容包括：使用临时用地的范围、位置、面积、移交时间、使用方式、使用后的状态、使用期限、返还时间等内容。临时用地使用计划采用数据直观表达，内容全面且一目了然，便于形成对临时用地情况的总体印象，便于掌握临时用地的管理使用相关情况。

2. 使用计划确定

根据征迁安置实施规划和工程建设进度安排，建设管理单位商市、县征迁机构制定临时用地使用计划，并报省级征迁机构进行审批，同时抄送征迁设计单位、征迁监理单位等。当建设管理单位与市、县征迁机构意见不一致时，报省级征迁机构协调处理。

3. 使用计划执行

临时用地的使用计划经省级征迁机构批复后，县级征迁机构负责组织移交临时用地。经批复的临时用地使用计划必须严格执行，不得随意变更。确实需要调整变更的，按原程序报批。批复后的临时用地使用计划贯穿临时用地使用的全过程。建设管理单位要按照批准的方案使用临时用地。

（二）临时用地移交程序

1. 发布公告

以市或县（区）政府的名义，宣传南水北调工程，发布禁止在工程用地范围内继续播种或套种的公告。根据工程建设用地计划安排，发布地面附着物清理时限，逾期未清理将视为无主处理。

2. 明确临时用地范围

临时用地以实际移交范围为准，实地放线打桩工作由工程建设单位负责。对所有工程建设用地统一实施了封闭围挡。如对临时用地范围有异议，市级征迁机构负责组织协调落实有关情况，会同建设管理单位、设计单位、监理单位等现场核实，并由征迁设计、征迁监理单位提出处理意见。

3. 村内临时用地补偿公示

分村公示临时用地面积、地类和地面附着物数量等。公示后，没有异议按公示结果执行；如有异议，市级征迁机构负责组织查清落实有关情况，会同设计单位、监理单位等现场核实，并由征迁设计、征迁监理单位提出处理意见。

4. 以村为单位下达补偿资金

根据公示结果以村为单位下达补偿资金，主要包括地面附着物补偿费和土地补偿费。有关问题受时间限制难以及时落实的，可以先上挂一级，待落实后再兑付补偿资金；也可以预付的形式先下达资金，但应避免发生超拨资金情况。

5. 分户丈量土地

分户兑付土地补偿费的临时用地，由被占地村负责落实土地分户丈量工作。分户丈量结果比下达指标少的，多余部分补偿费由村集体确定使用去向；分户丈量结果大于下达指标的，按下达指标平均缩减。对下达指标有异议的，由被占地村提出，市级征迁机构负责组织查清落实有关情况，会同设计单位、监理单位现场复核下达指标（分村土地权属），并由征迁设计、征迁监理提出处理意见。

6. 兑付地面附着物补偿资金，清理地面附着物

分村按产权人进行兑付地面附着物补偿资金，并限期由产权人负责清理，逾期未处理将按无主物对待，由建设管理单位组织清理。涉及专项设施时，待补偿资金拨付下达后，由专项产权单位限期迁改完毕。

7. 办理移交签证手续，向建设管理单位提供临时用地

临时用地清理完毕后，市级征迁机构负责组织有关单位参加，办理移交签证手续，把临时用地移交给建设管理单位。

第二节　临时用地复垦方案设计

一、临时用地复垦方案编制目标

（一）权利与义务并行

编制土地复垦方案有利于明确业主在建设项目的同时，必须承担对临时占用土地进行复垦的义务。采取适当的土地复垦措施，尽量控制或减少对土地资源不必要的损坏，做到土地复垦与工程建设统一规划，把土地复垦指标纳入到生产建设中去，采取必要的土地复垦措施加强对土地的保护，体现了权利和义务的统一。土地复垦方案从生态环境保护和有利于保护土地的角度，根据当地的土地利用状况、工程建设占地情况和自然环境条件，对临时有地区土地复垦进行规划设计，并提出相应的复垦工程措施与实施方案，同时也为相关部门提供管理的依据。

（二）预算投资足额

编制土地复垦方案，对工程建设造成的土地损坏和影响情况进行初步预测，并根据不同阶段工程对土地的损坏情况制定不同的复垦措施或采用的技术手段，明确不同阶段的土地复垦范围和任务，保障被损坏土地得到及时复垦和恢复。土地复垦规划是项目建设阶段的重要组成部分，其投资费用均应计入建设项目的投资中并足额预算。在对主体工程进行经济评价时，只有将土地复垦的投资纳入其中，才能全面准确的反映整个工程的投入产出比。

（三）施工与复垦兼顾

编制土地复垦方案，有利于指导各阶段的复垦规划设计工作和分阶段施

工。在土地复垦方案中，应提出不同区域、不同阶段的土地复垦措施和任务，以及采用的土地复垦工程措施，使主体工程的施工组织设计兼顾土地复垦的要求。

二、编制原则

（一）源头控制、预防与复垦相结合

通过对项目用地合理性分析，制定建设用地预防控制措施，在工程建设过程中，尽量少占地，从源头上杜绝建设单位随意用地现象的发生。

（二）统一规划，统筹安排，同步实施

土地复垦工作遵循县、镇土地利用规划，与农田基本建设工程相结合，做到统筹安排、综合治理。

（三）因地制宜，综合利用，农用优先

兼顾项目区自然条件和社会经济条件，因地制宜选择复垦措施和复垦土地使用方向，做到宜耕则耕、宜林则林，并且坚持农业优先。

（四）经济合理，措施可行，宜于操作

以必要合理的经济投入、现在经济技术条件下具体可行的复垦措施、简单易行的治理方法，取得最佳的复垦效果。

（五）社会效益、经济效益、生态效益统筹兼顾

临时用地的土地复垦既要重视提高项目区土地的直接生产力，也要重视脆弱的生态环境现状和可持续发展能力。做到社会效益、经济效益、生态效益统筹兼顾。

三、编制依据

(1)《中华人民共和国土地管理法》(2004 年 8 月 28 日修订)。

(2)《中华人民共和国土地管理法实施条例》(1999 年 1 月 1 日)。

(3)《中华人民共和国环境保护法》(1989 年 12 月 26 日)。

(4)《中华人民共和国水土保持法》(1991 年 6 月 29 日)。

(5)《中华人民共和国水土保持法实施条例》(1993 年 8 月 1 日)。

(6)《中华人民共和国农业法》(2003 年 3 月 1 日)。

(7)《土地复垦规定》(1989 年 1 月 1 日)。

(8)《建设项目环境保护管理条例》(1998 年 11 月)。

(9) 市级、县级土地利用等有关规划。

(10)《关于加强生产建设项目土地复垦管理工作的通知》(国土资发

〔2006〕225号文）。

（11）《关于组织土地复垦方案编报和审查有关问题的通知》（国土资发〔2007〕81号文）。

（12）《关于加强生产建设项目土地复垦管理工作的通知》（国土资发〔2006〕225号文）。

（13）《土地开发整理标准》（TD/T 1012—2000）。

（14）《开发建设项目水土保持技术规范》（GB 50433—2008）。

（15）《农、林、牧生产用地污染控制标准》。

（16）《土地复垦方案编制规程第1部分：通则》（TD/T 1031.1—2011）。

（17）《土地复垦方案编制规程第6部分：开发建设项目》（TD/T 1031.6—2011）。

（18）《临时用地勘测定界测量土地勘测定界技术报告书》。

四、技术要求

在初步设计报告中要列有临时用地复垦专题设计报告。技施设计（施工图）阶段临时用地复垦设计的编制要由具备省级以上有关部门核发的乙级以上水土保持、生态环境工程等规划设计资质或具有从事土地复垦规划设计业绩的单位承担。

初步设计批复后，技施设计阶段临时用地复垦设计编制内容，包括临时用地复垦方案和复垦设计报告。复垦方案要符合《关于组织土地复垦方案编报和审查有关问题的通知》（国土资发〔2007〕81号）的要求，复垦设计要满足施工招标深度要求。设计单位要根据通过评审的临时用地复垦方案编制临时用地复垦设计报告。

技施设计阶段临时用地复垦按批复的复垦投资概算限额设计，设计深度应满足施工要求，预算编制要符合水利和国土主管部门的有关规定，预算中要包括建筑工程费、机电设备及安装工程费、金属结构及安装工程费、施工临时工程费、独立费用和预备费；独立费用中要包括建设单位管理费、评审费、设计费、测量费、地力损失补偿费及其他费用。

编制临时用地复垦方案和复垦设计时，要充分征求征迁初步设计单位、乡（镇）人民政府、土地所有人、县级国土、林业及水利等主管部门的意见。复垦设计涉及土地所有人和使用人的利益时，要征求土地所有人的意见。

临时用地复垦设计单位要根据当地自然环境与社会经济发展情况，按照经济可行、技术科学合理、综合效益最佳和便于操作的要求，结合项目特征和实际情况确定复垦方案，对复垦方案和复垦设计报告的真实性和科学性负责。

五、复垦方案评审及报批

南水北调工程是属于报国务院批准建设用地的建设项目。按照国家规定的建设用地报批程序和要求，临时用地复垦方案由省级国土主管部门组织专家进行评审，省级国土主管部门将复垦方案有关材料，随建设用地“一书四方案”（指建设项目用地呈报说明书、农用地转用方案、补充耕地方案、征用土地方案、供地方案）等有关申报材料一并报送国务院国土主管部门。临时用地复垦设计报告由市南水北调办事机构组织有关单位及专家进行评审。临时用地复垦方案和复垦设计报告通过评审后，由市南水北调办事机构批复，报省级南水北调办事机构备案。

第三节　临时用地复垦退还

一、临时用地对土地资源的影响

南水北调东线一期工程于2002年12月开工至2013年建成通水，中线一期工程于2003年12月开工至2014年建成通水，均历时11年。但具体到每个单元工程，一般土地复垦涉及的临时用地使用年限为2年左右。

工程临时用地分为弃土临时用地、其他施工临时用地。其中弃土临时用地为工程施工剩余土方提供永久堆放区，其他施工临时用地为施工单位人员日常居住、机械停放、混凝土材料预制、料场、正常施工及道路通行提供土地。施工单位根据具体使用情况采取了相应的处理措施，如生活福利设施区，在施工人员入住前，施工单位对土地进行了碾压，其中板房处对地面进行了硬化；机械停放区、料场采用泥结石路面措施进行了处理，以满足机械设备通行及停放需要；施工道路用石碴、建筑垃圾、煤矸石等材料进行路基加固；土方采用挖掘机机械施工，弃土采用大型工程车辆载到弃土区堆放；混凝土采用料场集中拌和，大型混凝土运输车辆送到施工现场浇筑。

在施工阶段，施工临时用地范围内土地损坏形式主要表现为压占和碾压，施工临时用地范围内的农田水利工程和其他设置都会受到影响。在施工结束后，原有地表经过长期压占、碾压，耕作层及以下的土壤结构已经被破坏。

工程建设期可能造成土地损坏的活动主要有土方堆放、土地开挖、临时建设等，将使地表植被受到不同程度的扰动和损坏并污染原有土壤。

工程弃土区及其他施工临时用地区，施工时使原地表植被、地面组成物质以及地形地貌受到扰动和损坏，造成表层土壤裸露或形成松散的堆积体，失去原有植被的防冲、固土能力，也使其自然稳定状态受到损坏，在降雨和地表径流作用下可能发生冲刷、垮塌现象，增加新的水土流失。生活区及混凝土预制场的垃圾及废液对土壤造成污染。

二、临时用地复垦质量要求与复垦措施

（一）复垦质量总体要求

依据损毁前土地的质量状况，并结合当地实际，提出复垦质量要求，包括地形标准、土地的可供利用标准、生产力或生态恢复标准三部分内容。

耕地面积和农用地面积按照原规模复垦，土地平整度达到原有耕地水平，便于灌溉和耕种，农用地逐步达到原来的产量水平；根据当地群众要求将耕地和林地复垦后成为耕地，原鱼塘用地复垦后开挖成标准鱼塘，占用的农田水利用地与道路用地复垦后重新进行规划，用于农田水利与道路建设。

通过复垦，恢复项目区原有功能，改善生态环境，对复垦区田、水、路、坎进行规划整治，对农田水利基础设施进行配套建设，提高土地质量。

（二）复垦措施

1. 复垦预防控制措施

施工期应加强施工人员的环境保护教育和宣传工作，尽量减小对生态环境的不利影响。有条件的路段应将原设计砍伐的树木进行移栽。

在施工过程中，要求文明施工、合理调配，严格按施工规范要求作业，禁止乱倒土。严格按照设计要求进行，及时做好弃土场的环保工作。

2. 工程技术措施

土地复垦的工程技术措施，即通过一定的工程措施进行造地、整地的过程，同时通过水土保持工程建设减少土地流失发生的可能性，增强再造地地貌的稳定性，为生态重建创造有利的条件。

（1）临时用地压占和挖损的耕地按规范要求进行剥离，作为临时用地复垦区域覆土层。

（2）占用部分耕地，在工程施工时可能损坏其周边的灌溉设施。因此，在土地复垦整治的同时，根据其原有土地利用功能，并结合四周现有的灌溉设施，形成完整的灌溉系统。

（3）根据土地复垦可行性分析确定的各地块土地利用方向，对土地复垦区

域各地块进行规划设计，进行田块平整、翻耕，配套沟、路、渠等农田基础设施，以满足农业生产的需要。包括表层土剥离、覆土平整、水利工程、道路工程、边坡稳定工程等。

3. 生物和化学措施

生物复垦的基本原则是通过生物改良措施，改善土壤环境，培肥地力。利用生物措施恢复土壤有机肥力及生物生产能力的技术措施，包括利用微生物活化剂或微生物与有机物的混合剂，对复垦后的贫瘠土地进行熟化，以恢复和增加土地的肥力和活性，以便用于农业生产。该项目施工建设、施工工艺及土地复垦各个环节要形成一个完整的系统，从而达到复垦前、复垦中、复垦后的土地开发、利用、生产等环节的一体化经营，形成土地复垦的规模效益和良性循环机制。

4. 水土保持措施

水土保持方案的最终目的就是通过布置有针对性的水土保持工程措施、植物措施和临时设施措施，使施工过程中的土体得到有效防护，工程建设中损坏的地貌、植被得到有效治理和恢复，减少项目区因水土流失造成的危害，并落实项目区水土保持设施管护责任，改善项目区生态环境，实现项目建设、生态环境和地方经济的协调发展。一般水土保持方案，在取土场建立防护拦挡工程，使施工出现的弃土、开挖面产生的水土流失在“点”上集中拦蓄；同时对施工场地进行土地整治，形成“面”的防治。对取土、弃土区采取排水、临时拦挡、覆盖等措施，施工完毕后及时恢复。施工临时用地区实施表土剥离、临时排水、覆盖等措施，对施工场地进行清理和平整。

5. 土壤改良措施

工程建设占地原土地利用类型主要为耕地及其他农用地，复垦方向为耕地。为便于以后作物的生长，消除工程建设给土壤带来的影响，应对土壤进行改良。土壤改良过程共分两个阶段：

(1) 保土阶段。采取工程或生物措施，使土壤流失量控制在容许流失量范围内。如果土壤流失量得不到控制，土壤改良亦无法进行。对于耕作土地，首先要进行农田基本建设。

(2) 改土阶段。其目的是增加土壤有机质和养分含量，改良土壤性状，提高土壤肥力。改土措施主要是种植豆科绿肥或多施农家肥。另外，种植绿肥作物改土时必须施用磷肥。

该部分方案设计通过农民自行施农家肥和其他肥料的方式处理。在复垦完成后，及时交付农民耕作，改善土壤状况。

6. 补偿措施

通过对临时用地现状调查，根据南水北调土地复垦有关政策，编制临时用地复垦实施方案。根据专家的审查意见，对施工临时用地进行复垦，并给予一定的地力损失费等补偿。

7. 监测措施

对刚复垦后的耕地要制定一定的监测措施，对恢复的基础设施安排专人进行看管和维护，并对复垦区作物产量每季进行统计，与其他的地块产量进行比较；及时了解复耕效果，制定详细的计划，尽快使复垦区达到高产高效。

8. 管护措施

刚复垦后的耕地由于土壤团粒结构少等因素所致，土壤内在系统十分脆弱、土壤肥力差，需要采取综合措施对其进行培肥与保护才能形成标准的基本农田。在耕地复垦区的施工过程中，对堆渣场的边坡、排水沟等采取植树、种草等措施恢复植被，避免水土流失，保护生态环境。同时，复垦后区域内的生态植被系统还在完善之中，如果对复垦区耕地保护措施不当，在各种自然或人为因素的综合作用下，很容易产生水土流失，对复垦区耕地环境和作物的生长起到严重的损坏作用，影响复垦效果。所以应加强对复垦土地的后期管理工作，待复垦耕地新建立的生态系统达到基本稳定，系统自身表现出较强的生命力后，这时的复垦工作方可视为结束。

三、复垦实施过程

（一）源头控制

用地前要将弃土区域内土壤表层的耕作层剥离，剥离时避免与不宜耕种的土料混杂。表层土剥离后集中堆放，采取适当保护措施防止水土流失。

实施第一阶段复垦时，参与实施单位要采用科学合理的工程技术措施，尽可能减少、降低土地损坏的面积和程度，严格落实表层土剥离、集中堆放和弃土处理等措施，切实做到源头控制，预防与复垦相结合，确保不出现新的水土流失。

（二）土地平整

临时用地在工程完成后，全部由施工企业将临时用地上的临时建筑、硬化地面、其他垃圾清理外运，将污染土壤挖除换填，并将临时用地整个复垦范围推平。

（三）耕作层恢复

将弃土前推出堆放的表层土料覆于临时用地复垦范围最顶层，覆土后按农

田整地要求对土地进行整平。

（四）灌溉设施恢复

弃土区范围按规范打机井并配套水泵，埋设PVC管道以恢复灌溉条件。

（五）道路恢复

道路布局应遵循以下原则：道路布局应与沟渠规划相适应，各级道路做好连接，统一协调规划，使其形成系统网络。

（六）复垦验收

完成全部临时用地复垦任务可开展复垦验收工作，由县人民政府组织国土、林业等主管部门及相关单位完成复垦竣工验收工作，复垦竣工验收鉴定书由市级南水北调办事机构批准印发，送参加验收的单位及项目法人存档备案。

四、临时用地退还

具备用地移交条件的地块，县级南水北调办事机构要及时办理用地移交。

使用农民集体土地的，由乡（镇）人民政府与村委会办理用地移交，同时村委会要及时召开村民代表大会确定土地使用方案。

使用国有土地的，由县级南水北调办事机构与国有土地所有人办理用地移交。

在用地移交中出现土地面积、权属纠纷的，由县级南水北调办事机构委托具有土地勘测资质的单位进行测绘，由县级人民政府组织国土主管部门等单位协调解决。

第十四章

征 迁 档 案 管 理

征迁档案管理是南水北调工程征迁安置工作的重要组成部分，为维护南水北调征迁档案的完整、准确、系统和安全，规范征迁档案管理工作，国务院南水北调办高度重视，与国家档案局联合制定了《南水北调工程征地移民档案管理办法》（国调办征地〔2010〕57 号），为南水北调工程征迁档案管理提供了有力指导，各省级南水北调征迁主管部门据此制定了实施细则或办法。根据国家、省级南水北调征迁档案管理办法的规定，各级南水北调主管部门切实加强对征迁档案管理工作的领导，开展了卓有成效的档案收集、整理、归档、验收工作，真实、全面地记录了征迁实施过程，为南水北调征迁工作留下了翔实可靠的档案资料。

第一节　征迁档案制度办法体系

一、征迁档案分类归档原则

各级南水北调主管部门根据国家、省级档案管理的相关规定，制定了相应的征迁档案制度，确保符合国家有关标准与规范的原则要求，对征迁档案进行了分类归档，确定了征迁档案归档原则。

（1）文书档案按照《文书档案案卷格式》（GB 9705—1998）或《归档文件整理细则》（DA/T 22—2000）的规定整理、立卷和归档。

（2）专业项目档案按照《国家重大建设项目文件归档要求与档案整理规范》（DA/T 28—2002）和《水利工程建设项目档案管理规定》（水办〔2005〕480 号）的要求进行立卷和归档。

（3）文书档案归档范围及保管期限执行《机关文件材料归档范围和文书档

案保管期限规定》（2006年9月19日，国家档案局令第8号）的规定。所有归档材料数据真实一致，字迹清楚，图面整洁，签字手续完备。案卷线装（去掉金属物），结实美观，卷内目录、备考表一律打印。

（4）会计档案按照财政部、国家档案局颁发的《会计档案管理办法》（财会字〔1998〕32号）规定执行。

（5）征迁安置工作过程中产生的录音、录像、照片、光盘、磁盘等特殊载体的文件材料均应标注事由、时间、地点、人物、作者等内容，参照《照片档案管理规范》（GB/T 11821—2002）、《电子文件归档与管理规范》（GB/T 18894—2002）等标准、规定进行归档。

（6）归档文件资料按档案编号装入档案盒，每一档案盒为一卷，填写档案盒封面、档案盒脊背、卷内目录和卷内备考表，填写内容使用全称或规范化简称。

二、档案资料归档分类

根据国务院南水北调办关于征迁档案归档范围、分类编号及保管期限的有关规定，征迁档案分为三大类，每一大类分若干小类内容。

（一）征迁安置法规、制度、规划及综合管理文件

（1）政策、规定、办法、标准等规范性文件。国家及省级制订的政策、办法及标准等规范性文件；省级人民政府签订的征迁安置和施工环境保障责任书。上级机关及本级制定的政策、办法及标准等规范性文件；县级政府签订的征迁安置和施工环境保障责任书；市、县、乡人民政府发布的关于在征地范围禁止新增项目和偷土、维护施工环境等内容的通告等。

（2）可研及初设阶段文件材料。项目建议书及批复文件；可行性研究报告及审批文件；初步设计报告及审批文件；地质灾害评估报告及审批文件；压覆矿产资源调查报告及审批文件；使用林地可行性研究报告；初步设计专项设施权属单位认可的恢复建设方案及概算投资材料；经批复的征迁安置初步设计报告；初步设计征迁安置实物指标调查原始记录、地方政府认可的材料等。

（3）综合管理及相关事务文件材料。各阶段验收工作报告、成果性文件及批复文件；有关音像材料、统计报表；建设用地、征地界桩及专项设施运行管理的移交手续；重要的工作总结、工作计划、大事记、宣传材料；县级信访记录、答复处理材料；预防和处置群体性事件、排查化解矛盾纠纷等的文件材料；征地移民表彰和通报文件材料；成立、调整指挥机构及主管部门的文件；其他综合及相关事务文件材料。

（二）征迁安置会议文件材料

上级机关及本级机关征迁安置工作各种技术培训会、动员会、协调会、论证会、评审会议通知、报告、会议交流材料、总结、决议、纪要、会议相关的调研及考察类等文件。

（三）征迁安置实施文件材料

有关征迁安置工作的各种合同、协议书、合同谈判记录、纪要；索赔与反索赔材料；征地移民申请、批准文件及红线图、土地使用证、行政区域图；征迁拆迁、安置、补偿及实施方案和相关的批准文件；临时用地复垦文件材料；会计档案资料；文物保护文件等材料。

三、征迁档案作用的发挥

各级南水北调主管部门在做好征迁档案收集、整理和归档的基础上，十分注重征迁档案作用的发挥。一是通过查阅档案资料，重现征迁实施过程，明确征迁组织实施程序、方案和政策标准等，澄清疑惑、解决争议，从而能够切实维护群众合法权益，维护社会稳定。二是充分利用征迁档案作为对征迁安置工作进行稽查、审计、监督、管理、验收等工作的重要依据。三是利用征迁档案，为今后类似工程征迁实施管理工作提供重要借鉴和参考。

第二节　征迁档案的收集和整理

一、征迁档案收集整理概述

档案收集整理是档案管理工作的关键业务环节，各级南水北调主管部门高度重视征迁档案收集整理工作，将征迁档案收集整理列入征迁安置民管理程序和工作计划，按照“谁产生，谁收集，谁整理”的原则开展工作；认真督促、检查、指导本行政区域内征迁安置档案的收集工作，对档案的整理归档情况进行定期检查，并审核、验收归档案卷。

二、征迁档案收集整理工作做法

（1）参与征迁工作的各有关单位，根据本单位工作流程、职责范围，在弄清文件材料产生种类、时间和方式的基础上，按照便于管理、易于归类、没有交叉的原则，及时收集档案材料，保证征迁档案的详细分类涵盖本单位征迁档案的全部内容，体现档案分类的统一性和可扩充性。

（2）尊重文件材料原始面貌，最大限度保持文件之间的历史和因素联系，利于档案的保管和使用。遵循档案的形成规律，坚持档案成套性整理。按照分类方案进行组卷和编目，标注案卷题名和档案编号，建立起档案的全引目录、分类目录和检索体系。

（3）对收集的各类文件材料，按照时间顺序和分类要求进行归类后，依照档案齐全、完整、系统的原则，逐一进行审查和甄别，做到不漏不重。

（4）各级南水北调主管部门负责收集、整理本单位产生和经办的文件，对征迁工作过程中产生的分散在各部门或个人手中的文件材料，各级南水北调主管部门专（兼）职档案管理人员应及时或定期收集，避免文件档案材料的遗失；设计、勘测定界、监理、监测评估等单位负责各自产生的征迁档案资料的收集、整理，与各级南水北调主管部门征迁档案一并纳入验收范围。

第三节　征迁档案验收

按国务院南水北调办、国家档案局《南水北调工程征地移民档案管理办法》规定，征迁档案验收是南水北调工程征迁安置专项验收的前提。在辖区内设计单元工程征迁档案具备验收条件后，各级南水北调主管部门积极组织开展了征迁档案验收工作。征迁档案验收包括县级征迁档案验收和省级征迁档案验收（征迁档案主要在县级和省级产生）。

一、县级征迁档案验收

县级征迁档案验收由县级南水北调主管部门组织召开档案验收会议，县级档案行政管理部门参加，省、市南水北调主管部门监督，档案、水利、南水北调等行业专家组成验收委员会，对县级及以下产生的各类档案资料进行验收，听取实施管理单位汇报档案管理工作情况，现场抽（检）查归档资料，质询问题，讨论作出验收结论。验收为合格的，验收委员会形成征迁档案专项验收意见；验收不合格的，验收委员会提出整改意见，要求征迁实施管理单位对存在的问题进行限期整改，整改后再行组织复验，直至通过验收。

二、省级征迁档案验收

省级征迁档案验收由省级南水北调主管部门组织召开档案验收会议，省级档案行政管理部门参加，设计、勘测定界、监理、监测评估等单位参加，档案、水利、南水北调等行业专家组成验收委员会，对省级南水北调主管部门以及设计、勘测定界、监理、监测评估等参建单位形成的各类档案资料进行验收，听取实施管理单位汇报档案管理工作情况，现场抽（检）查归档资料，质询问题，讨论作出验收结论。验收为合格的，验收委员会形成征迁档案专项验收意见；验收不合格的，验收委员会提出整改意见，要求征迁实施管理单位对存在的问题进行限期整改，整改后再行组织复验，直至通过验收。

第四节 征迁档案管理经验做法

一、健全档案工作管理体制，落实征迁安置档案责任制

（1）严格落实国务院南水北调办、国家档案局《南水北调工程征地移民档案管理办法》规定，国务院南水北调办负责南水北调征迁档案管理工作的组织协调和监督指导；省、市、县各级南水北调征迁主管部门是征迁档案管理工作责任主体，负责对本行政区域内征迁档案工作的统一领导和管理；项目法人、设计、监理、监测评估等单位按照职责分工做好各自的征迁档案管理工作。

（2）在征迁安置档案管理工作中，各级南水北调主管部门和项目法人主动接受档案行政管理部门的监督、检查、指导。

（3）各有关单位不断加强对征迁安置档案管理工作的领导，明确分管档案管理工作责任人，设立专门档案室，根据征迁实施中形成档案数量的多少配备了专职或兼职档案管理工作人员，并为档案保管提供了必要的设备和工作经费，确保了南水北调征迁安置档案管理工作与工程实施同步。

二、加强专职人员培训，全面提高档案整理质量

为提高档案管理人员水平，各级南水北调主管部门认真学习贯彻国家档案局、水利部、国务院南水北调办等档案管理文件精神，采用“走出去，请进来”的方式，多次组织到兄弟单位观摩学习档案管理经验，派员参加各类档案管理培训班，邀请档案管理专家对专职档案人员进行业务培训，通过学习，进一步提高档案专职人员的业务水平和档案管理意识。

三、加强征迁档案管理制度建设，确保档案管理规范

为进一步规范征迁档案管理工作，有效组织征迁安置档案收集、整理、归档和利用，满足征迁安置工作需要，各省（直辖市）先后组织制定了相应的档案管理办法，如《山东省南水北调工程征地移民档案管理暂行办法》（鲁调水

政字〔2009〕46号)、《江苏省南水北调工程征地移民档案管理实施细则》(苏调办〔2012〕62号)、《北京市南水北调工程征迁安置档案管理办法》《河北省南水北调干线工程征迁安置档案管理办法》《南水北调中线汉江中下游治理工程征地拆迁安置档案管理实施办法》,同时各级地方南水北调主管部门还制定了《档案工作人员岗位职责》《立卷归档制度》《档案保管制度》《档案保密制度》《档案借阅制度》等配套管理制度,落实了岗位责任制,并将岗位职责及管理制度制版上墙,保证了档案管理各项工作规范有序、有章可循。档案收集、整理、分类组卷和归档严格执行国务院南水北调办、省级南水北调主管部门相关规定,建立了档案全引目录、分类目录,既确保了档案文件材料的完整、规范,又便于档案资料的查阅、参考和利用。

四、强化档案保管,确保档案安全

档案室内配备了温度、湿度测记仪器,温度、湿度控制设备,消防设备等,控制档案室的温度在14~24℃,相对湿度45%~65%,购置了灭火器、除湿机、碎纸机、音像防磁柜、驱虫剂等,切实做到“十防”,即“防盗、防水、防火、防潮、防尘、防鼠、防虫、防高温、防强光、防泄密”。按国家档案相关规范要求还配备了计算机、光盘刻录机、复印机、打印机、数码摄像机等档案工作专用设备,为档案的归档整理提供了必要条件。档案每两周检查一次,及时发现是否发生破损、霉变、褪变等现象,以便及时进行修复、复制等处理工作。

第十五章

征 迁 安 置 验 收

征迁安置验收是南水北调工程专项验收之一，征迁安置未经验收或者验收不合格的，不得对主体工程进行阶段性验收和完工验收。为做好南水北调干线工程征迁安置验收工作，规范验收行为，国务院南水北调办制定了《南水北调干线工程征迁安置验收办法》（国调办征地〔2010〕19 号），各省级南水北调主管部门也制定了验收实施细则或管理办法。地方各级政府或南水北调领导机构（主管部门）高度重视征迁验收工作，将征迁验收作为巩固征迁成果，总结工作经验，检查工作成效，督促整改问题，探索长效机制的重要工作程序。在设计单元工程具备征迁验收条件后，及时组织有关单位和专家进行各层次征迁验收工作。

文物保护验收由省级文物行政部门会同省级征地移民主管部门对本辖区内的南水北调工程文物保护项目进行验收；验收工作包括项目完成情况、经费使用情况等。

第一节　征迁安置验收的依据、层次划分及条件

一、征迁安置验收的依据

地方各级政府或南水北调领导机构（主管部门）开展征迁安置各层次验收的依据包括：国家、省级有关法规制度和规范性文件；征迁安置责任书；国家批复的设计单元工程初步设计报告及变更报告；征迁投资和任务包干协议；省级人民政府（或南水北调领导机构）批准的县级征迁实施方案和设计单元工程征迁实施方案及变更方案；省级主管部门下达的征迁实施计划等。

二、征迁安置验收层次划分

根据国务院南水北调办《南水北调干线工程征迁安置验收办法》规定，在南水北调工程完工验收阶段，结合干线工程征迁实施管理工作实际，地方组织开展了征迁安置县级和省级两个层次的验收工作。此外，山东、江苏等省在完成县级验收而省级验收条件未完全具备时，增设了省级技术验收，形成三个层次的验收。

三、各层次验收应具备的条件

（一）征迁县级验收应具备的条件

征迁补偿资金已兑付到位，地面附着物已全部清除，生产、生活安置任务已完成，专项设施、工矿企业、城（集）镇等已迁建，新建水库库底已清理，临时用地已复垦退还，县级征迁安置财务决算已完成，县级主管部门及各参建单位已编制完成各自的工作报告，县级征迁档案资料已完成整编、归档并通过专项验收，在这些条件具备后，县级人民政府组织相关单位进行征迁县级验收工作。

（二）设计单元工程省级技术验收应具备的条件

设计单元工程县级征迁实施方案的内容全部实施完毕，对应的县级档案验收和县级征迁验收全部通过，建设用地手续获得国家批复，省级、市级主管部门及各参建单位已编制完成各自的工作报告，省级征迁档案资料及设计、勘测定界、监理、监测评估等参建单位档案资料完成整编、归档并通过省级档案验收，对应的相关市、县级征迁备查档案已整理完备，这些条件具备后，省级南水北调主管部门组织地方政府及其部门、项目法人、有关单位等进行征迁省级技术验收工作。

（三）设计单元工程省级完工验收应具备的条件

设计单元工程征迁省级技术验收已通过，设计单元工程征迁财务决算已完成并经国务院南水北调办核准，征迁省级完工验收申请及工作大纲经国务院南水北调办核准，省级主管部门及各参建单位代表已编制完成各自的工作报告，这些工作完成后，省级南水北调主管部门组织相关部门及参建单位实施征迁省级完工验收工作。

第二节　征迁验收的内容

一、征迁县级验收内容

征迁县级验收主要针对征迁补偿资金兑付使用、建设用地及界桩交付、生活搬迁安置和生产安置、专项设施恢复建设、工矿企业、城（集）镇等迁建、水库库底清理、临时用地复垦、县级征迁档案整编归档、县级征迁财务决算、县级主管部门及各参建单位工作报告等内容进行相关验收工作。

（一）征迁补偿资金兑（拨）付使用情况

主要检查征迁补偿资金是否按省级批准的实施方案已全部拨付到位；土地及地上附着物补偿款是否已足额兑付到位。

（二）建设用地及界桩交付情况

主要检验建设用地及界桩交付验收成果，对工程施工期间损坏或丢失的界桩进行清点，验收后及时补漏；有无边界纠纷，施工企业管理是否得当。

（三）生活搬迁安置和生产安置情况

主要验收生活搬迁安置项目土地征用及基础设施配套完成情况；生产安置是否按照省级批复的征迁实施方案已落实。

（四）专项设施恢复建设情况

主要验收南水北调工程建设中涉及水利、交通、电力、通信、有线电视、供排水、供气、供热、电缆、石油管道、水文站、军事、永久测量标志等专业项目迁建完成情况；各专项设施恢复建设是否按照批复的实施方案确定的规模、标准和内容实施；专项设施迁建资金使用情况；专项设施迁建是否按照原规模、原标准和恢复原功能的原则实施；检验各专项设施完工验收鉴定书。

（五）工矿企业、城（集）镇等迁建情况

主要验收工矿企业、城（集）镇迁建完成情况；工矿企业、城（集）镇迁建资金兑付情况；城（集）镇迁建项目土地征用及基础设施配套完成情况。

（六）临时用地复垦验收

主要验收临时用地表土回填、水利及交通设施恢复、地利损失补偿、办理用地移交手续情况。

（七）征迁县级档案

主要验收征迁县级档案的整理情况，包括征迁档案的完整性和规范性。

（八）县级征迁财务决算

主要验收南水北调工程县级征迁补偿资金财务决算情况。

（九）县级主管部门及各参建单位工作报告

对县级主管部门实施管理报告以及设计、勘测定界、监理等各参建单位工作报告进行检查。

二、征迁省级技术验收内容

该项工作主要在江苏省和山东省开展，设计单元工程征迁省级技术验收主

要围绕征迁实施各级各部门履职情况，设计单元工程征迁实施方案全部工作内容的落实情况，设计、勘测定界、监理、监测评估等参建单位合同履行情况，省、市、县各级及各参建单位征迁档案整编归档情况，省级、市级主管部门及各参建单位工作报告等内容开展。

三、征迁省级完工验收内容

设计单元工程征迁省级完工验收围绕省级征迁财务决算，省级主管部门及各参建单位工作报告等内容，根据国务院南水北调办核准的验收工作大纲开展相关验收工作。验收意见报国务院南水北调办备案。

第三节　验收组织和程序

一、验收组织

（一）县级验收组织

县级南水北调主管部门组织本辖区内南水北调工程征迁县级验收工作，县级人民政府主持召开验收工作会议，省级、市级南水北调主管部门监督指导，县级国土资源、林业行政主管部门，乡（镇）人民政府，设计、监理、勘测定界单位，专项设施产权单位代表，项目法人，征迁其他实施单位等参加会议。验收会议成立验收委员会，成员从参加验收单位中产生，验收委员会主任委员由验收主持单位担任。

（二）省级技术验收组织

省级南水北调主管部门组织设计单元工程征迁省级技术验收工作会议，市、县级人民政府（或南水北调领导机构），市、县级南水北调主管部门，项目法人，设计、勘测定界、监理、监测评估单位，征迁安置其他实施单位以及特邀征迁安置专家等参加会议。会议成立验收委员会，由特邀征迁安置专家及参加验收会议的单位代表组成，验收委员会主任由特邀征迁安置专家担任。

（三）省级完工验收组织

省级南水北调主管部门组织设计单元工程征迁省级完工验收工作会议，国务院南水北调办监督指导，市级南水北调主管部门，项目法人，设计、勘测定界、监理、监测评估等单位代表以及特邀征迁安置专家参加会议。会议由特邀征迁安置专家及参加验收会议的单位代表组成验收委员会，验收委员会主任由特邀征迁安置专家担任。

二、验收工作程序

（一）县级验收工作程序

（1）县级人民政府主持，宣布验收会议程序，成立验收委员会，推选产生验收委员会主任委员。

（2）验收委员会查勘征迁安置现场。

（3）验收委员会主任委员主持验收会议。

1）听取县级南水北调主管部门征迁实施管理（含财务决算、档案管理）工作报告。

2）听取征迁安置设计单位工作报告。

3）听取征迁安置监理单位工作报告。

4）听取勘测定界单位工作报告。

5）听取相关实施单位工作报告。

6）验收委员会查阅县级征迁档案资料，并质询问题。

7）验收委员会讨论并形成“征迁县级验收鉴定书”。

（二）省级技术验收程序

（1）省级南水北调主管部门主持，宣布验收会议程序，成立验收委员会，推选产生验收委员会主任委员。

（2）查勘征迁安置现场或观看现场录像。

（3）验收委员会主任委员主持验收会议。

1）听取省级南水北调主管部门省级征迁实施管理工作报告。

2）听取省级南水北调主管部门省级征迁档案管理工作报告。

3）听取市级南水北调主管部门市县级征迁实施管理工作报告。

4）听取征迁安置设计单位工作报告。

5）听取征迁安置监理单位工作报告。

6）听取征迁安置监测评估单位工作报告。

7）验收委员会查阅省级、各参建单位、县级征迁档案资料，并质询问题。

8）验收委员会讨论并形成“征迁省级技术验收鉴定书”。

（三）省级完工验收程序

（1）省级南水北调主管部门主持，宣布验收会议程序，成立验收委员会，推选产生验收委员会主任委员。

（2）观看现场录像。

（3）验收委员会主任委员主持验收会议。

1）听取省级南水北调主管部门省级征迁实施管理工作报告。

2）听取省级南水北调主管部门省级征迁档案管理工作报告。

3）听取省级南水北调主管部门省级征迁财务决算工作报告。

4）听取征迁安置设计单位代表工作报告。

5）听取征迁安置监理单位代表工作报告。

6）听取征迁安置监测评估单位代表工作报告。

7）验收委员会查阅省级和各参建单位征迁档案资料，并质询问题。

8）验收委员会讨论并形成“征迁省级完工验收鉴定书”。

（4）征迁省级完工验收鉴定书报国务院南水北调办备案。

第十六章

征迁监理和监测评估

根据国务院南水北调建委会《南水北调工程建设征地补偿和移民安置暂行办法》以及国务院南水北调办《南水北调工程建设征地补偿和移民安置监理暂行办法》《南水北调工程建设征地补偿和移民安置监测评估暂行办法》等规定，南水北调工程征迁安置实行了监理、监测评估制度。在各级南水北调主管部门和实施单位的大力支持和密切配合下，监理单位积极进行征迁安置进度、资金兑付、工作质量的监理检查，及时对征迁安置设计变更提出意见，定期向省级主管部门提交征迁实施情况报告，监测评估单位认真做好被征地农民搬迁前的生产生活情况基底调查，准确监测和评估搬迁后群众生产生活安置情况，为征迁工作的依法、有序、规范、高效实施提供了保障。

第一节 征迁监理和监测评估单位的确定

根据国务院南水北调办关于征迁监理和监测评估的有关规定，南水北调工程征迁监理、监测评估单位的确定实行了公开招标制。项目法人会同省级南水北调主管部门共同编制征迁监理、监测评估招标文件，经公开招投标确定了中标单位。

一、监理、监测评估单位应具备的条件

（一）监理单位应具备的条件

征迁监理单位招标时，重点审查投标单位是否具备以下条件：

（1）能独立承担民事责任的法人。

（2）与项目法人、省级南水北调主管部门、实施方和项目设计单位无隶属

关系。

（3）具有完成相应监理工作的经历和资源。

（4）总监理工程师应具有水利水电工程总监理工程师岗位证书；并具有征地移民监理工程师岗位（培训）证书或在近四年内有负责征迁安置监理工作的经历。

（二）监测评估单位应具备的条件

征迁监测评估单位招标时，重点审查投标单位是否具备以下条件：

（1）能独立承担民事责任的法人。

（2）与项目法人、省级南水北调主管部门、实施方和项目设计单位无隶属关系。

（3）具有征迁安置社会调查和征迁安置监测工作的资源和能力，具有从事征迁安置监测评估的实际经验。

（4）监测评估负责人具有高级技术职称和政策分析、社会调查、征迁安置监测评估经验。

二、征迁监理、监测评估招标程序

在国家批复单项工程或设计单元工程初步设计报告（或技术方案）后，项目法人和省级南水北调主管部门共同编制监理、监测评估分标方案，报国务院南水北调办审批，国务院南水北调办批复后，项目法人会同省级主管部门编制招标文件，并在中国南水北调网、中国政府采购网、中国采购与招标网等网站上发布招标公告，同时在国务院南水北调办的监督下，通过南水北调评标专家库随机抽取评标专家。公告期满后，项目法人会同省级主管部门组织召开评标会，评标专家进行评标，确定监理、监测评估中标候选人，对中标候选人进行公示，公示无异议后发出中标通知书，正式确定中标单位，签订监理、监测评估工作委托合同。

第二节　征迁监理工作内容与实施效果

一、征迁监理工作程序

南水北调干线工程征迁监理单位确定并签订监理合同后，监理单位依据监理合同约定组建现场监理机构、配备总监理工程师和监理工作人员，并及时将有关工作人员派驻现场；依据征迁安置规划，总监理工程师主持编制监理规划和细则；监理单位将监理工作人员名单和工作范围及时报送省级南水北调主管部门，省级主管部门通知地方各级主管部门和有关实施单位；在开展现场监理工作前，现场监理机构向有关部门和实施单位说明工程程序和工作方法；现场监理机构采用实地检查、现场调查、座谈等方法开展现场监理工作，同时进行监理日志、监理工作月报、监理档案资料整编归档等内业工作；参加征迁各层次各阶段验收；进行征迁监理合同验收。

二、征迁监理工作内容

征迁监理单位对个人补偿费的按时足额兑现、土地补偿费的有效使用、农村征迁安置居民点建设、农村征迁安置基础设施建设、农村生产安置措施的落实和生产项目的实施、集镇搬迁建设、专业项目的恢复建设、附着物清除进度、临时用地复垦实施、征迁实施过程中档案资料（包括音像）收集等工作进行监理检查；参与征迁实施方案的制定、征迁各阶段验收、审计稽查等。

（一）监理对征迁实施进度的控制

（1）根据南水北调工程建设的进度要求，审核地方征迁实施机构提交的总进度计划、阶段计划和详细的年度工作计划，提出控制征迁进度的控制目标和实施计划，督促地方征迁实施机构采取相应措施，实现合同约定的工期目标要求。当实施进度与控制进度计划发生较大偏差时，及时向委托人提出调整控制性进度计划意见，经委托人批准后，调整进度计划。

（2）对地方征迁实施机构编制的征迁实施方案和有关问题提出审核意见。

（3）根据批准的南水北调工程征迁实施计划和专业项目恢复建设方案，对征迁安置项目的实施进度进行监控。重点控制农村安置村庄和散迁户的基础设施建设及建房进度；农村征迁安置生产用地拨付和生产开发的实施进度；征迁安置区专业项目建设实施进度；集镇迁建实施进度。及时向委托人反映征迁计划的执行情况。

（4）对南水北调工程勘测定界单位征地界桩埋设进度进行控制。

（二）监理对征迁实施质量的控制

（1）协助委托人审查征迁实施机构提交的征迁实施方案和质量保证体系，并监督实施。

（2）按照南水北调工程征迁安置综合质量目标控制征迁安置实施质量；检查征迁安置工程质量；综合检测征迁安置质量及生产、生活水平恢复情况并做出总体评价。

（3）对南水北调工程征迁安置工程实施情况进行监督检查，对不符合要求的及时责令整改。对征迁安置工作中存在突出问题和发生的重大事件及时报告。在对重大事件进行必要的调查后，提交专题报告。

（4）对勘测定界单位征地界桩埋设质量及数量进行控制，并就此向委托人提交专题报告。

（5）参与征迁安置各阶段的专项验收和征迁安置验收，提交各相应阶段的监理报告。工程竣工验收时，提交征迁监理报告。

（三）监理对征迁投资的控制

（1）监督南水北调工程征迁补偿资金的拨付和使用，分项检查项目资金使用及资金分配公告情况，定点抽查个人补偿费兑现情况。

（2）协助委托人审查征迁超出概算部分项目内容。

（3）督促征迁补偿资金按计划及时到位，检查资金的使用情况，监督实施方按审定的规模、标准和投资实施。

（4）参与南水北调工程征迁安置规划设计成果审核以及漏项、设计方案变更等审查，提出监理意见。

（四）监理对征迁信息的管理

（1）对南水北调工程征迁项目和征迁安置工程建设信息进行收集、整理，定期编制征迁监理工作报告，及时上报重大问题。

（2）在委托人要求的时间内，向委托人提交征迁监理实施细则和合同条款中规定的文件资料。

（五）监理对征迁合同的管理

（1）协助委托人组织各项征迁合同的签订，并在合同实施过程中管理合同。

（2）根据监理合同的要求对征迁包干协议的签订、履行、变更和解除等活动进行监督、检查。

（3）对各级征迁实施机构与工程实施（承包）单位之间的工程承包合同的签订、履行、变更和解除等活动进行监督、检查。

（4）对合同、协议当事人争议进行调解和处理，包括对合同变更、违约、索赔及风险分担、合同争议进行协调等。

（六）征迁监理协调

监理对征迁实施系统内外部关系的组织协调，内部协调是要是协调征迁实施系统内部省、市、县级南水北调主管部门、市、县有关部门、乡（镇）人民政府各级征迁实施单位以及项目法人、设计、勘测定界单位等相关各方统一认识、消除分歧、形成工作合力；外部协调主要是协调被征迁单位、广大被征迁群众等了解征迁政策、理解并支持配合南水北调工程征迁工作。

三、征迁监理工作成效

南水北调干线工程征迁监理工作在征迁进度、质量、投资“三控制”，合同、信息“两管理”，组织“一协调”等方面均取得了良好的效果，在保证征用土地、附着物的数量准确无误、标准公开合理的基础上，使征迁实施既满足了质量和进度要求，又对征迁投资进行了严格控制。

1. 征迁监理进度控制取得的成效

征迁监理的进度控制，促进征迁实施协调进行，确保了征迁实施进度符合省级主管部门下达的征迁实施计划要求，保证了工程建设的按期开工和顺利进行。

2. 征迁监理质量控制取得的成效

征迁监理的质量控制，实现了征迁项目的质量总目标，主要体现在征用土地、附着物的数量准确，补偿标准合理，征地迁占及搬迁安置补偿费已足额及时到位。

3. 征迁监理投资控制取得的成效

征迁监理的投资控制，侧重于宏观把握，使征地拆迁安置工作在满足质量和进度的前提下，实现了项目实际投资不超过计划投资，并根据实施计划确保资金及时到位。

4. 征迁监理合同管理取得的成效

征迁监理的合同管理，实现了征迁相关合同、协议的及时归档和规范化管理；对征迁实施过程中，出现的相关合同修改、补充、变更、违约等情况，及时提出监理意见，协调补充完善相关合同内容，减少了对工程进度、质量和投资等方面的不利影响。

5. 征迁监理信息管理取得的成效

征迁监理的信息管理，为项目法人和省级主管部门全面掌握征迁实施情况，各级主管部门及时沟通，协调解决征迁问题，促进征迁工作进展创造了条件；为被征地群众了解征迁政策和补偿标准提供了方便；规范了征迁相关档案资料整编归档工作；为一些突发事件或重大问题的解决提出了建设性意见和建议。

6. 征迁监理协调工作取得的成效

内部协调方面，在省级主管部门和项目法人的主导下，通过明确职责、规范工作程序、建立信息沟通制度、组织会议等方式，及时交换、共享工程征迁相关信息，消除了工作中的矛盾和冲突，统一了认识，形成了工作合力，在重大节点问题处理上形成了统一方案。外部协调上，重视宣传和耐心细致的解释工作，帮助被征迁单位和广大群众深入了解国家的相关政策，消除搬迁户的疑虑，促进征迁安置工作的顺利进行。

第三节　征迁监测评估工作内容与实施效果

一、征迁监测评估工作程序

在工程征迁工作开始之前，南水北调干线工程征迁监测评估单位对农村征迁安置搬迁前的生产生活情况进行基底调查，并提交基底调查报告；征迁安置工作开始后，对征迁机构设置、规章制度建设、资金管理、信息公开、搬迁安置进度、安置后生产用地落实、生产生活恢复等进行持续监测，每半年提交一次监测评估报告；征迁安置工作结束后，监测评估单位向项目法人和省级南水北调主管部门提交总监测评估报告。

二、征迁监测评估工作内容

1. 监测评估单位对征迁安置搬迁前的生产生活情况进行的基底调查和跟踪调查

了解与掌握征迁安置搬迁前和搬迁后的生产生活水平、生产生活方式、就业方式等情况；工矿企业、事业单位、城（集）镇及专项设施等基本情况。

2. 监理评估单位对征迁实施进度进行的监测与评估

总进度计划与年度计划；征迁安置机构及人员配备进度；项目区永久征地、临时用地的实施进度；安置区土地（包括生产用地、宅基地、公共设施用地等各类安置用地）调整、征用（或划拨）及将其分配给征迁对象的实施进度；房屋拆迁进度、安置房重建进度；征迁安置搬迁进度；生产开发项目实施进度；公共设施建设进度；专项设施复、迁、改建进度；工矿企事业单位迁建进度；劳动力安置就业进度；其他征迁安置工作进度。

3. 监测评估单位对征迁资金落实和使用进行的监测与评估

征迁资金逐级支付到位与时间情况；各级征迁实施机构的征迁资金使用与管理；补偿费用支付给受影响的财产（房屋等）产权人、土地所有权者（村、组等）及使用者的数量与时间；村级集体土地补偿资金的使用与管理；资金使用的监督、审计；资金的投向和使用情况；计划与实际落实的差异；投入资金的社会经济效果评价。

4．监测评估单位开展的征迁专题调查

主要是对以下专题进行调查评价：被征地农民生产生活水平变化；土地补偿费和集体财产补偿费使用情况；征迁实施进度；临时用地复垦效果；个人补偿资金兑付等。

三、征迁监测评估实施效果

（一）征迁实施进度监测效果

监测评估机构对征迁实施进度主要采用综合查阅文献资料和现场抽样调查法，典型抽样监测各主要征迁安置工作进度，包括征迁机构、项目区永久征地、临时用地、安置区土地（包括生产用地、宅基地、公共设施用地等各类安置用地）调整、征用（或划拨）及将其分配给征迁对象、房屋拆迁、安置房重建、搬迁、生产开发项目实施、公共设施建设、专项设施复（迁、改）建、工矿企事业单位迁建、劳动力安置就业的实施进度，并与征迁安置行动计划中的进度计划进行比较，分析和评估其适宜性。

（二）征迁资金落实和运用监测效果

征迁监测评估机构对征迁补偿资金与预算，抽样监测各级征迁机构资金支付到位情况，抽样监测征地影响村、拆迁店铺与企业的征迁补偿资金使用情况，与征迁安置行动计划比较，分析评估征迁安置预算的适宜性并提出建议，评估征迁资金使用管理的状况。

（三）征迁生产安置监测效果

1．生产就业安置效果

征迁监测评估机构对生产就业安置，通过典型抽样调查和跟踪典型户监测，对生产就业安置与收入恢复计划实施情况进行了评估。包括农村生产用地的调整、征用、开发与分配，被拆迁店铺人员就业安置，被拆迁企业员工就业安置，受临时用地影响的企业、店铺人员的就业安置，少数民族、残疾人、妇女及老人家庭等脆弱群体的生产安置。与批准的征迁安置规划进行比较，评估了其适宜性。

2．工矿企业、事业单位的恢复重建效果

工矿企业、事业单位恢复重建，征迁安置监测评估机构通过文献阅读、典型抽样调查与跟踪监测，了解了企事业单位与店铺的拆迁与重建情况，与批准的征迁安置规划进行比较，评估其适宜性。

3．城（集）镇及专项设施恢复重建效果

征迁监测评估机构应通过文献资料查阅和实地调查，掌握了城（集）镇迁建与恢复实施状况，与批准的征迁安置规划进行比较，评估其适宜性。

（四）生活安置监测效果

征迁监测评估机构对房屋重建与生活安置，通过抽样调查，进行分析评估。主要包括主要安置方式、安置点的选择、宅基地的安排、分配与“三通一平”（指基本建设项目开工的前提条件，具体是指水通、电通、路通和场地平整）；旧房屋拆除与新房重建方式、搬迁前后房屋条件比较（房屋面积、质量、位置、交通、供水、供电、采光、环境等）、过渡期补助、搬迁各类公共设施配套情况；公共配套设施建设等。与征迁安置行动计划比较，评估其适宜性。

通过征迁之前的调查和之后的抽样调查与跟踪监测调查，掌握典型征地拆迁户的收入来源、数量、结构、稳定性和支出结构、数量，并进行搬迁前后经济收支水平的对比分析，评估收入恢复等征迁安置目标实现的程度。征迁监测机构进行典型样本户、居住（房屋等）、交通、公共设施、社区环境、文化娱乐、经济活动等方面的比较，分析评估征迁群众收入与生活水平恢复目标实现的程度。

总结思考篇

实施管理篇

规划设计篇

政策法规篇

第十七章

工程建设顺利开展的保障措施

征地拆迁安置工作作为工程建设的前置条件和重要环节，是工程建设的重要组成部分。南水北调东、中线一期工程干线输水线路长、涉及范围广、征地数量多，东线于2002年12月27日开工建设，2013年11月15日建成通水；中线于2003年12月30日开工建设，2014年12月12日建成通水，标志着南水北调工程从伟大构想变为现实，并逐步开始发挥效益。

南水北调干线工程征迁工作具有政策性强、征地拆迁数量巨大，涉及面广泛，情况复杂等特点，中央确定实行“建委会领导、省级人民政府负责、县为基础、项目法人参与”的管理体制，即保障了国家重大方针政策的顺利执行，又充分授权各级地方政府及其相关部门在各自的职权范围内做好工作，灵活处理特殊问题，保障了工程建设顺利开展。十余年来，国务院南水北调办、沿线各省（直辖市）地方政府、项目法人、规划设计单位、监理监测单位等参建方，各司其职，在干线工程征迁安置工作中以科学发展观为指导，始终坚持讲政治、讲大局、讲奉献，精心组织，统筹安排，抢抓机遇，奋力拼搏，创造了干线工程征迁安置的新模式。

第一节　各级党政高度重视

一、政府领导和政府负责

1．征地拆迁安置工作由政府负责是国家政策的规定

根据土地管理法的规定，我国实行土地的社会主义公有制，即全民所有制和劳动群众集体所有制。全民所有，即国家所有土地的所有权由国务院代表国

家行使；劳动群众集体所有，即农民集体所有。国家为了公共利益的需要，可以依法对土地实行征收或者征用并给予补偿。南水北调工程建设征地属于政府行为，国务院南水北调建委会《南水北调工程建设征地补偿和移民安置暂行办法》明确南水北调工程征地移民工作实行“国务院南水北调工程建设委员会领导、省级人民政府负责、县为基础、项目法人参与”的管理体制，其中国务院南水北调工程建设委员会是代表国务院领导，省级人民政府负总责，县为基础是指县级人民政府作为我国土地权属和产权管理的最基础政府机构，负责具体的组织实施和管理工作，项目法人参与征迁实施管理全过程。

2. 政府具备负责征地拆迁安置工作的优势

南水北调工程征地拆迁工作是一项艰巨、复杂的系统工程，对于工程建设所需土地的征收以及补偿标准的确定、征迁安置规划、安置方式的确定、安置区土地的调整和基础设施的建设等，都需要各级人民政府进行监督、管理、协调、实施。由于南水北调工程征地拆迁活动是一种具有经济交换、社会重构和资源再分配性质的活动，其公共物品的性质远远超过私人物品的性质。因此，这就需要作为国家强制力执行者的政府，对征地拆迁的整个过程行使管理职能，通过各级政府在征地拆迁安置实施工作中发挥组织领导和指导监管作用，才能确保征地拆迁工作顺利完成。征迁工作涉及千家万户，涉及各行各业，利益诉求多，同时征迁工作政策性极强，牵一发而动全身，有时不同行业工程征地的政策也会互相影响，在此情况下，离开了各级政府强有力的组织领导、协调分工和层层负责，是不可能完成这样一项庞杂的系统工程的。而且，征地拆迁涉及的区域经济社会发展和稳定本身也属于政府职能的范畴。

3. 政府在征地拆迁安置工作中占主导地位

政府在征地拆迁安置活动中的主导地位，主要表现在以下三方面：一是南水北调工程建设的立项和开工的决策权在政府。政府根据所掌握的资源综合考虑经济效益、社会效益和环境效益并作出决策。二是南水北调工程征迁安置规划由政府制订。征迁安置安置规划是南水北调工程征地拆迁工作的法律依据，是国家根据有关法律法规制定的，体现着国家的意志。三是搬迁和安置由政府执行。国家对征迁安置规划的实施起决定性作用，对征迁安置的全过程进行全面的监督和调控，为搬迁群众的生存和发展提供适宜的环境和优良服务。

二、各级政府主导作用的发挥

1. 制定出台相关法律法规和配套政策

制定法规政策是政府规范和监督征地拆迁管理工作的重要手段。为使南水北调工程征地拆迁工作更加规范、科学、合法，国家需要发挥好法规政策制定者角色的作用，以法规政策的形式规范南水北调工程征迁安置规划、设计、搬迁、安置、监督管理、法律责任等各项事务。相应地，各级地方政府应在积极贯彻执行国家移民工作方针、政策、法规的基础上，制定与国家法规政策相配套的地方性政策措施，为征地补偿和搬迁安置工作的顺利实施提供政策保障。南水北调工程征地拆迁安置工作实施之初，在国务院《大中型水利水电工程建设征地补偿和移民安置条例》修订之前，2005 年 1 月，国务院南水北调工程建设委员会制定颁布了《南水北调工程建设征地补偿和移民安置暂行办法》，对南水北调工程征迁安置管理体制、安置规划、征地补偿、实施管理、监督管理等各工作环节进行了规定和规范，确保了南水北调工程征地拆迁工作的顺利实施。后期，国务院修订出台了《大中型水利水电工程建设征地补偿和移民安置条例》，进一步明确了征地移民工作管理体制、征地补偿标准，强化了征迁安置规划的法律地位，规范了征地补偿资金支付程序、兑付方式，加强了征迁安置工作监督管理力度，从行政法规的高度对征迁安置各项事务进行了制度性安排。国务院南水北调办联合国务院有关部门就征迁安置资金管理、监理、监测评估、文物保护、专项设施迁建等制定了管理办法，各省级人民政府（南水北调领导和指挥机构）普遍出台了表彰奖励、督查考核、优惠政策等配套的政策制度。各级人民政府及其有关部门重视征迁工作法规体系建设，使得征迁安置工作有法可依，从而增强了征迁安置管理工作的合法性和权威性。

2. 协调有关各方的利益关系

南水北调工程征地拆迁涉及政府（包括移民机构及各职能部门）、村集体经济组织、项目法人、规划设计单位、监理监测单位和征迁群体等多个利益主体，各利益主体都有着各自不同的目标和利益诉求。南水北调干线工程征地拆迁实施过程中，各级地方政府较好地发挥了利益协调作用，各利益主体的合法权益均基本得到了保障，征迁实施过程顺利，涉及各方反应较为平稳。

3. 维护征迁群众合法权益

南水北调工程建设是出于公共利益的需要，但是在一定程度上给一部分公民私有财产造成了损失。而保护公民合法的私有财产，维护社会公正是政府义不容辞的职责。因此，政府应发挥好群众权益维护者角色的作用。在征迁安置过程中，政府要成为征迁群众合法权益维护者，就需要根据当地资源情况，会同项目法人编制切实可行的征迁安置规划；在做好征迁安置实施任务的同时，加强对征迁安置工作的监督和管理；需要建立征迁安置经济补偿机制，规避征用土地和拆迁房屋的随意性，确保群众的经济损失得到合理的补偿；要加强行政监督力度，防止挤占、截留、挪用征迁安置补偿资金和后期扶持资金。南水北调干线工程征地拆迁工作，各级地方政府始终坚持想群众之所想、急群众之所急的思想，较圆满地完成了资金补偿兑付、征迁安置等任务，同时较好地解决了影响群众正常生产生活的灌排、交通等问题。

4. 充分发挥行政职能

南水北调干线征地拆迁工作中，各级地方政府较好地发挥了社会动员、资源调配、行政执法、维护稳定的行政优势。第一，政府能够充分发挥社会动员作用，发动全社会支持南水北调工程建设大局，动员广大干部群众自觉配合支持征地拆迁工作；第二，政府充分发挥资源配置优势，配合各类优惠政策，如对于国家征地补偿标准较当地标准较低的情况，地方政府可以使用国有土地有偿使用收入等财政资金提高补偿标准，对于生活生产安置，地方政府结合新农村建设，将房屋等迁占补偿资金与其他各类帮扶政策整合，切实建好安置用房、免除群众办证等费用，同时安排交通、电力、水利等部门优先解决群众交通、用水、用电等生产生活必需的基础设施问题；对于专项设施迁建，原则上按初设批复概算一次性包死，实施中确有困难的由政府协调其上级主管部门或总部在系统内部解决；第三，地方政府具有行政执法权力，对于按政策规定的标准足额补偿兑付的个别拆迁户和企事业单位，若不能按时拆迁的或者无理取闹、恶意阻挠工程正常施工的，地方政府能够依法行使强制拆迁的权力，确保不因迁占工作个例问题影响工程建设大局；第四，地方政府具有维护社会稳定创造改革发展良好氛围的职责，地方政府专门设有信访局等专门接待群众反映问题的部门，同时可以组织财政、法制办、农业、国土、林业、水利等各相关部门研究对策和解决方案，切实解决群众反映的突出问题，赢得群众理解和支持，维护当地的社会大局稳定。

第二节 各部门密切配合

一、各方紧密协作和配合起关键作用

1. 征迁工作的复杂性决定了征迁工作涉及各方必须通力协作密切配合

征迁安置工作涉及面广，政策性强，在土地征用、搬迁、社会稳定以及交通、水利、通信、电力设施迁建等方面，单靠其中任何一个部门都无法有效地完成这项任务。特别是近年来社会经济高速发展过程中形成的历史遗留矛盾、纠纷问题多，各方利益主体关系交织复杂，使得征迁工作难度日益攀升。加之

南水北调干线工程线路全长2400多公里，途径30余座城市，各地经济发展水平十分不平衡，而在征迁实施过程中又不可避免地遇到这样那样的个性问题，这从工作性质上决定了征迁工作要想顺利推进离不开各相关方的密切配合和团结协作。

2. 政府领导下的各部门分工落实制

《南水北调工程建设征地补偿和移民安置暂行办法》明确南水北调工程征地移民工作实行“国务院南水北调建设委员会领导、省级人民政府负责、县为基础、项目法人参与”的管理体制；《大中型水利水电工程建设征地补偿和移民安置条例》明确水利水电工程征地移民工作实行“政府领导、分级负责、县为基础、项目法人参与”的管理体制，这两个法规规定的管理体制总结来说就是各级政府领导下的各有关部门分工负责制。因为各职能部门均是政府的组成部门或直属机构，政府负责的各项工作以及承担的各项职责最终都是由其组成部门或直属机构来落实的。各有关部门按照经省政府批复同意的三定方案关于其职责的规定，负责做好南水北调工程征地拆迁工作中属于其职责范围内的业务，并配合相关部门做好与其相关的业务工作。

二、相关各方工作合力的形成

1. 各行业主管部门分工协作

有效的征迁工作必须是由政府组织各相关部门步调一致、互相配合、协调推进。在沿线各省市党委、政府的正确领导下，各省市国土、发展改革、水利、交通、电力、通信、文物局、林业局、公安等有关部门沟通协调，成立南水北调工程建设用地、文物保护、林地协调、专项设施迁建、安全保卫等联合工作协调小组，相应建立了协调机制，涉及干线工程建设中专项设施迁建的有关部门、单位要服从、服务于南水北调工程建设大局，急工程所急，解工程所难，形成齐心协力关心支持征迁安置工作和工程建设的氛围，进一步加强了南水北调工程建设中各方面的协调配合，在实际工作中发挥了良好作用。基层地方政府和征迁安置机构、公安部门充分利用安保协调机制，落实责任，加强疏导，及时处理征地拆迁工作中的遗留问题，维护好、发展好和谐施工环境。各级审计、纪检等部门加强对南水北调工程征迁实施及资金补偿兑付、使用等的监督管理，确保了征迁工作的规范实施以及补偿资金使用的正确和高效，减少或避免了资金浪费等风险。

2. 各级南水北调主管部门发挥牵头和中枢作用

征地拆迁安置工作是政府行为，各级南水北调主管部门始终坚持在各级人民政府的统一领导下开展工作，认真调查研究，及时向当地政府汇报征迁安置工作情况和工作中遇到的问题与困难，主动提出意见和建议，争取省、市政府的领导和支持，把征地拆迁工作任务纳入省、市政府的工作日程，把加快征迁安置和搬迁转化为省、市政府的要求，加强对地方政府的指导帮助，把全力推动征地拆迁工作变成落实政府要求的具体行动。各级南水北调主管部门本着对国家负责和对征迁群众负责的精神，切实承担了责任，主动开展工作，认真解决问题，支持和指导基层地方政府进村入户、包干到人，努力实现任务包干、投资包干的工作目标。

3. 项目法人深入参与征迁工作

虽然征迁工作要紧紧依靠各级地方政府，但征迁安置规划的审查和概算的编制、资金拨付，实施进度、质量、投资的监督检查等都离不开项目法人，所以南水北调工程征地拆迁工作中项目法人强化了项目管理管理职能，即项目法人依据基本建设程序对征迁工作实施管理，一方面切实实行了包干，另一方面强化项目管理，绝不能以包代管。此外，项目法人协调相关各方齐心协力构建无障碍施工环境，督促建设单位努力减少施工噪声、粉尘、交通给人民群众生产生活带来的干扰，努力为群众办实事、解难事，赢得支持。

4. 设计单位切实提高技术服务质量

经国家批复的征地拆迁安置规划是整个征地拆迁安置工作实施的依据，作为征迁安置规划的编制者，设计单位应加强设计全过程的质量控制，严格履行职责。南水北调工程征迁设计单位站在对国家负责、对征迁群众负责的高度，认真严谨地开展前期实物调查、征迁安置规划设计工作，切实提高规划设计的质量，确保了征迁安置规划能够顺利实施；同时，在征迁安置实施过程中，对个别实物量或专项设施缺漏项以及工程设计变更引起的征迁变更问题，征迁设计单位认真搞好跟踪服务，及时核查、确定方案、确认投资，报经有关部门批复后实施。

5. 监理和监测评估单位发挥了有力的监理、监测作用

监理、监测评估是根据国家规定为规范征迁安置实施管理工作、提高实施质量和效果而进行的一项制度性安排。在南水北调干线工程征地拆迁工作中，各监理单位主动负责搞好对补偿、拆迁和安置的进度、资金兑付、工作质量的监督检查，及时处理征迁变更，定期提交监理工作情况报告并提出工作建议，较好地发挥了监理作用，对征迁工作的规范、高效实施起到了较好的促进作用；监测评估单位对征地影响区和搬迁安置群众生产生活情况进行了认真监测，并提交了监测评估报告，对影响情况进行了实事求是的评估和反馈，使得

地方政府和有关部门能够切实了解搬迁群众的生产生活情况和存在的问题，为影响群众问题的及时解决提供了方便。

6. 坚持局部利益服从全局利益的原则

征迁相关各方坚持团结共建，相互理解支持，加强协调配合，局部利益服从全局利益。充分发挥了社会主义集中力量办大事的能力和党的政治工作优势，加强党的领导，发挥党的政策感召力，切实加强了组织领导和综合协调，在统一管理的框架下，充分发挥了各地区、各部门、各方面的积极性，更好地实行了分级负责，齐心协力，密切配合，为南水北调工程征地拆迁安置工作的顺利推进提供了有力保障。

7. 切实增强协调工作的时效性和策略性

征迁安置工作突发事件影响面广，一旦发生就需要抓紧妥善处理，否则既容易引起阻工停工现象，又可能引发连锁反应造成工作上的被动。所以在协调工作中，各相关部门做到了思想统一、力往一处使，建立了维护建设环境信息反馈机制和快速反应机制以及应急预案，增强了解决问题的时效性，同时，在实际问题处理中注意把握协调的策略性，避免了引起新的矛盾和不平衡。

第三节　征迁群众合法权益的维护

为了避免地区间的不平衡和相互攀比，在政策制定上，需要制定出台国家层面的普遍性和指导性的政策，并要求在实践工作中坚定不移地执行和落实，切实维护国家政策的严肃性和权威性；同时，由于征地拆迁安置工作社会性、群众性极强，涉及千家万户的根本利益，众多的利益主体对利益的诉求千差万别，在构建和谐社会的要求下，征地拆迁工作要使被征迁群众的合理诉求最大限度地得到满足、合法权益切实得到应有的保障，这就要求在执行国家政策原则的框架下用好、用足政策解决实际问题。

一、合理确定补偿标准，维护征地群众利益

征地拆迁补偿标准是被征地群众最关心也是最敏感的因素，为切实保障被征地群众的合法权益，南水北调工程从补偿倍数和亩产值、附着物补偿等方面提高了征地拆迁货币化补偿标准。

（一）提高征地补偿倍数

南水北调工程开工初期，自2002年底至2004年，工程征地补偿标准是按照耕地征用前3年平均年产值的10倍计列和补偿兑付的；而南水北调工程实

施后的几年间，我国经济持续高速增长、社会发展取得巨大成果，土地价值出现爆发式增长，相比较而言，10倍亩产值的征迁补偿标准已经显得太低。为维护被征地群众合法权益，南水北调沿线各省（直辖市）均反映了征地补偿标准过低的问题，国务院南水北调办向南水北调建委会汇报了提高征地补偿倍数的建议，2004年年底，国务院南水北调建委会第二次全体会议决定“南水北调工程土地补偿和安置补助之和可按耕地征用前3年平均产值的16倍计列”，明确将征地补偿倍数由10倍提高到16倍。南水北调工程将征地补偿倍数提高到16倍，这在当时水利工程建设征地补偿中是最高的。这一举措切实保护了被征地农民的利益，有力促进了南水北调工程的顺利实施。

（二）实事求是确定征地年产值标准

南水北调工程征地补偿倍数由10倍提高到16倍后，征地补偿标准得到较大幅度的提高。由于南水北调工程建设周期较长，在实施初期采用的征地补偿年亩产值测算时间较早，之后国家实行了一系列粮食保护政策、粮价提高，再加上粮食亩产量以及经济作物种植比例增加带来的土地亩产值大幅度提高，原采用的征地补偿年亩产值标准已明显偏低。为此，国务院南水北调办在批复各单元工程初步设计概算时，按照前3年平均年产值，及时调整了年亩产值标准。

（三）合理确定地上附着物补偿标准

南水北调工程征地涉及的地上附着物补偿标准一般执行各省（直辖市）的标准，各省的标准一般依据各省地级市上报省级批复的附着物补偿标准，补偿标准为区间的，一般取到中限或以上。

二、妥善解决施工影响，及时化解矛盾纠纷

（一）在政策允许范围内尽最大可能维护被征迁群众权益

征地拆迁工作很细致、很琐碎，涉及的问题千差万别，国家和省级出台的政策很难将其全部覆盖，许多问题还需要具体分析和进一步研究。因此，各省（直辖市）在履行征迁实施管理主体责任的实践中，始终坚持“想群众之所想、急群众之所急、解群众之所难”，力争在政策框架下最大限度地满足群众的诉求。如山东省，充分考虑工程间接影响问题，对于永久征地线外受影响的鱼池、藕塘，明确给予适当补助，永久征地线外20m以内的鱼池、藕塘据实计算，线外超过20m按20m计算，线外受影响鱼池、藕塘补偿标准按国家批复标准的70%计算；对于永久征地线截断的房屋（经过优化设计仍然无法避开的），若剩余部分已经失去居住功能的，则按拆迁全部房屋予以补偿。天津市

注意处理好拆迁进度与群众生产生活需求之间的关系，对于农作物即将成熟的农田、鱼类等养殖产品即将产出的养殖场等，在不影响工程建设进度的前提下，尽量晚一点儿拆迁，保护好群众的权益；积极协调地方政府落实拆迁企业的安置用地，协调施工单位结合工程建设为沿线群众修缮乡村道路，改善村落的照明、排水条件，最大限度地维护了群众权益。

（二）妥善解决征迁和施工对当地群众生产生活影响问题

对于专项设施迁建造成的断电、断水、断通信等影响群众生产生活问题，提前与有关管理部门联系，办理施工许可，采取先恢复后拆除的方案，尽量减少由此带来的生产损失和生活不便；对于征地过程中形成的条状地、边角地等不适宜再耕种的土地，按永久征地补偿标准给群众进行补偿；对于征迁漏项的附着物，第一时间组织相关各方予以现场复核、认可，及时下达补偿资金；对于临时用地需要续占使用的，组织建设管理单位、征迁安置设计单位、征迁安置监理单位、工程监理单位、施工企业等各方现场核定续占面积和使用时间，及时下达续占补偿资金；对于工程建设打乱当地灌排体系的问题，组织当地主管部门、设计等各方现场查勘，规划新的灌排体系，制定灌排系统设计方案，并根据工程建设进度分步实施，保障了灌排系统的畅通；对于工程建设压坏交通道路、桥梁等问题，由相关各方进行认真勘察、复核、认定，并与有关单位签订了协议，或工程解决或给予补偿，保障了沿线群众的交通出行需求。通过采取上述措施，尽量将工程施工对群众生产生活的影响降低至最小，取得群众的理解与支持，维护工程施工的良好外部环境。

（三）全面排查化解施工过程中影响群众利益的矛盾纠纷

工程施工对群众利益影响的主要问题包括施工过程中噪声污染、粉尘污染、爆破安全隐患、地下水位降低影响用水和农田灌溉、弃土弃渣影响、阻断交通影响等，为尽量减少以上问题对群众的影响，及时组织相关各方进行认真排查，研究制定解决方案或预控防治措施，并要求施工单位严格执行，监理单位督促办理，现场建管单位不定期检查，切实化解纠纷矛盾，保障群众利益，维护好正常的工程建设环境。对群众利益确实造成影响无法采取防治措施避免的问题，责成施工单位酌情给予补助或赔偿。

三、征迁资金足额兑付，维护征迁群众利益

为确保群众利益切实得到保障，避免群众利益受损失，各级南水北调主管部门高度重视，多措并举，保障了补偿资金及时足额兑付到位。一是树立起“征迁安置资金是高压线，不得有丝毫侵占和挪用”的思想，各级都要把资金

兑付工作作为维护群众利益的大事来抓，不能漫不经心、随意处之，而是要严格按照规定的程序和手续不折不扣地把资金安全可靠地兑付给群众；二是实行征迁与资金支付“两分离”制度，征迁业务人员不经手资金，经手补偿资金人员不参与征迁；三是立足确保“三个安全”，加强征迁安置资金监管，严格落实资金管理、拨付和使用规定，省、市、县、乡设立征迁安置资金专户，本着“权责统一、计划管理、独立核算、专款专用”的原则，管好用好征迁安置资金，按规定标准及时足额兑付到村、到户、到人；四是强化内部指导和检查审计，实施过程中要加强现场指导，力争做到资金补偿兑付和使用规范、合理、透明，并组织由纪检、监察、审计部门等组成的检查组对资金使用进行专项检查，要配合上级做好对征迁安置资金的审计稽查，确保资金安全，最大程度地保护群众利益。

第四节　投资任务双包干有效控制投资

南水北调工程由于其显著的公益性，其拆迁补偿不适合执行市场化方式。征地拆迁投资作为工程投资的重要组成部分，是其中变数最大、最复杂、最难控制的部分，为有效控制工程投资，国家、省（直辖市）积极探讨研究，采取了在各级政府层层负责的基础上实行投资包干的办法。南水北调干线工程征地拆迁安置工作的实践，证明了征迁安置实行投资与任务双包干的制度是适合国情、贴近实际的，并且能够取得良好的效果。同时，在有限的工程项目总投资前提下，实行地方包干负责的政策，也有利于保护群众和拆迁对象的权益。

一、投资任务实行包干，有效控制征迁投资

投资包干制最早在我国进行大范围内推广应用开始于基本建设项目，这项制度对于消除在分配制度上的平均主义弊端，调动各方面的积极性，加快工程进度，提高工程质量，节约建设资金，尽快竣工投产，发挥了重要的促进作用。我国首先在水电站工程征地移民工作中引入了包干制，收效较好，随后，该制度逐步推广应用于各类大型水利工程建设征地移民工作中。

随着经济社会发展，征迁投资在整个工程项目总投资中占的比重越来越高。南水北调工程实行了与征地拆迁任务相对应的资金包干使用制度，除政策调整、不可抗力等因素引起的投资增加外，不得突破包干数额。在初步设计批复概算及实物量与现实情况没有很大差距的情况下，再加上初设批复包括的10％预备费、征地移民资金在银行形成的存款利息收入，总体上能够在概算批

复范围内完成全部征地拆迁工作任务。相对于主体工程投资实行静态控制、动态管理的规定，征迁投资实行包干制，更加便于资金的控制管理，国家对征迁资金也不必再考虑年度价差调整等。征迁投资不突不破，自然能够节约工程项目总投资。

我国的土地制度决定了征地拆迁工作是政府行为，地方政府具有做好征地拆迁工作的职责，同时地方对征迁资金也具有相应的管理能力。第一，政府能够充分发挥社会动员作用，发动全社会支持南水北调工程建设大局，动员广大干部群众自觉配合支持征地拆迁工作。第二，政府可以充分发挥资源配置优势，配合各类优惠政策，如对于国家征地补偿标准较当地标准较低的情况，地方政府可以使用国有土地有偿使用收入等财政资金提高补偿标准，对于农村移民生活生产安置，地方可以结合新农村建设，将房屋等迁占补偿资金与其他各类帮扶政策整合，切实建好安置用房、免除群众办证等费用，同时安排交通、电力、水利等部门优先解决群众交通、用水、用电等生产生活必需的基础设施问题；对于专项设施迁建，原则上按初设批复概算一次性包死，实施中确有困难的由政府协调其上级主管部门或总部在系统内部解决。第三，地方政府具有行政执法权力，对于按政策规定的标准足额补偿兑付的个别拆迁户和企事业单位，若不能按时拆迁的或者无理取闹、恶意阻挠工程正常施工的，地方政府能够依法行使强制拆迁的权力，确保不因迁占工作个例问题影响工程建设大局。

二、明确各级权责义务，切实维护群众权益

征迁任务和投资包干协议明确了地方各级政府的责任和权利义务。责任即是在包干投资范围内完成全部征地拆迁工作，确保及时提供工程建设用地，并保障施工环境。权利和义务即是统筹使用征迁包干资金，实事求是地解决本辖区内的实际困难和个性问题。同时，投资包干制是在各级政府层层负责基础上的包干制，各级政府综合运用督查、通报、约谈等措施督促有关部门和下一级政府提高工作的主动性和自觉性，采取考核奖励等措施激励有关部门和下一级政府提高工作的积极性，由此，地方各级政府均能够主动负责的开展工作，各级各部门你追我赶、力争上游的征迁格局得以形成。

南水北调干线工程征迁包干资金是对工程征地及迁占实物量进行全面准确复核后核定的投资，除重大设计变更或重大缺漏项问题，追加投资外，再加上预备费，一般而言包干资金足够完成实施方案内的各项迁占任务。国家将初设批复概算中的直接费（包括追加投资）、相关税费、其他独立费用和预备费全

部包干到省级，在完成实施方案及设计变更、缺漏项等各项征迁工作内容之后，对于结余的剩余资金，可以继续用于解决征迁安置问题，改善被征地群众的生产生活状况。如南水北调东线山东省、中线河北省均利用包干结余资金妥善解决群众反映的工程建设和施工影响遗留问题近百个，大大提高了沿线群众的满意度，增加了群众对政府的信任度。

第五节 坚持公开阳光操作

为提高征迁工作透明度，让群众因知情而理解和支持工程建设，确保征迁补偿资金顺利兑付、拆迁安置工作顺利实施，南水北调干线工程征地拆迁工作坚持了公开、公平、公正的原则，在整个征地补偿拆迁过程中实行阳光操作，以相关法律法规和政策为基础，以批复的实施方案为依据，坚持统一标准，打造阳光工程，满足了群众的知情权，赢得了群众的理解支持，维护了群众的利益，实现了和谐征迁。

一、认真开展宣传动员，创造良好工作氛围

南水北调工程建设有利于国家和沿线地方经济社会的长远发展，但短期来看需要牺牲局部的、眼前的利益。各级南水北调主管部门坚持用先进的正面的思想鼓励和引导被征迁群众，通过全面广泛深入地宣传南水北调工程的重大意义和政策，特别是工程实施对促进当地经济社会发展的重要作用，形成了强大的正面的舆论导向和氛围，实现了统一思想、全社会自觉支持南水北调工程建设的目标。突出以国家的政策法规引导人，充分相信国家政策的崇高威信和感召力，把党的征迁补偿政策、补偿标准原原本本地交给群众，保障被征迁群众的知情权、参与权和监督权。宏观上，通过报刊、电台、电视台、网络等多种媒体，广泛宣传南水北调工程建设的意义和征地拆迁安置政策；微观上，通过编发南水北调征地拆迁安置政策法规手册、设立宣传专栏、出动巡回宣传车、发放明白纸等多种形式，使征迁安置政策、补偿标准家喻户晓、深入人心，消除群众的疑惑，赢得群众的理解和拥护。此外，通过汇报会、举办各类活动等形式做好各级领导干部的宣传工作，争取到领导的真正重视和关心支持；通过省、市、县、乡逐级召开干部动员大会以及举办各类培训班，广泛宣传发动和动员，提高各级干部的思想认识、政策法规意识和业务水平。总之，全方位、多角度、多层次的宣传和思想政治工作，形成了广大干部群众自觉支持和配合南水北调征迁工作的社会氛围，为南水北调征迁工作的顺利实施奠定了坚实的

基础。

二、坚持公开公平公正，保障征迁顺利推进

为避免基层干部不严格按程序办事、徇私舞弊，打消群众顾虑，确保干部安全、资金安全，各级南水北调主管部门坚持公开、公平、公正的原则，阳光操作，坚决避免违规现象的发生。一是坚持严格规范的工作程序，按照“实物调查—实物量公示—实施方案编制—补偿标准和资金公示—补偿兑付—附着物清除”组织实施征地拆迁安置工作，整个实施过程做到“一把尺子、一个标准、一视同仁”，确保公平、公正；二是实行公开、公示、签字制度，对征地迁占指标、补偿标准、迁占方案、迁占政策、办事程序、办事结果等进行公开，对涉及群众切身利益的登记项目、数量实行公示，有关核查结果要由设计、监理、县指挥部、乡（镇）、行政村、物权人等相关方共同签字认可；三是实行补偿兑付卡制度，一户一卡，将拆迁实物名称、数量、赔付标准、赔付金额等一一填写清楚，由农户和所在村签字盖章后领卡。任何集体、单位和个人不得截留、挤占、克扣、挪用拆迁群众的赔偿资金，对拆迁群众原有欠款不扣，上缴税费不抵，切实做到“一卡清、定民心”；四是明确征迁矛盾纠纷排查化解机构，公开和畅通群众利益诉求渠道和联系方式，及时受理群众来信来访，妥善解决群众实际困难，切实维护群众合法权益。通过这些做法，使整个征地迁占公开透明，群众知情认可、支持配合，既保证了工作顺利推进，又维护了被征地群众合法权益。

三、建立健全信访稳定工作制度

信访稳定工作贯彻整个征地拆迁工作始终，建立健全信访维稳工作制度，将信访稳定工作与征地拆迁工作一并安排部署，一并检查落实，为工程建设营造了良好的施工环境，维护了南水北调中、东线干线工程沿线社会大局稳定。

1. 建立领导机构并实行领导干部一岗双责制度

成立了信访稳定工作领导小组等领导机构，负责对信访工作的安排部署、督查督办和重大信访问题的处理。严格落实领导干部“一岗双责”制度，班子成员负责做好分管业务范围内的信访工作，杜绝只负责业务不过问信访现象的发生，真正把信访工作纳入总体工作中规划、推进、落实。

2. 实行领导干部接待来访群众制度

各级南水北调征迁机构均实行领导干部接待来访群众制度，有的单位明确固定时间接访，提前公示接访领导姓名、职务、分管工作；有的单位由领导干

部重点接待重复访、群体访。接访领导负责对所接访信访案件的签批交办、协调处理和跟踪落实，直至问题得到彻底解决。对于不属于南水北调工作范围内的信访事项，及时告知信访人到有权处理的部门反映情况。

3. 建立征迁疑难信访问题集中会诊制度

针对征迁工作中遇到的重大疑难信访问题，由南水北调办相关领导牵头，召集征迁设计单位、征迁监理单位、县区南水北调征迁机构、乡（镇）人民政府、村委会有关负责同志和群众代表流动巡回进行集中会诊，对照政策法规，结合实际情况，对症下药，认真分析研判，找出问题症结所在，有针对性地提出处理意见，帮助基层解决重大疑难信访问题。

4. 严格落实畅通信访渠道双向规范各项措施

一是畅通信访渠道，在坚持领导公开接访的基础上，安排专人全天候接访，保证群众随到随访。在南水北调沿线设置公告牌，公布信访举报电话，保证 24 小时畅通，确保群众表达诉求无空档。还通过定期组织干部下访，实行班子成员定点包片接访制度，明确时间、地点、形式和内容，让征迁群众在家门口反映问题。二是实行双向规范，征迁干部因不负责任、推诿扯皮、玩忽职守，导致上访事件发生，造成严重社会影响的，给予通报批评，直至提请纪检监察部门给予党纪、政纪处分。同时强化《信访条例》宣传力度，坚持将政策宣传和法制教育贯穿信访稳定工作全过程，教育群众依法信访，杜绝非正常上访行为的发生。对于违法信访、无理取闹、干扰南水北调工程建设的，联合相关部门坚决予以打击处理。

5. 制定信访稳定工作应急预案

各级南水北调征迁机构依据信访法规要求，结合本地区、本部分的实际情况，制定信访稳定工作应急预案。做到准确分级、明确职责、统筹指挥、区别应对，一旦突发群体性事件和其他突发情况，能够通过启动应急预案开展迅速处置，避免造成恶劣影响。

6. 完善信访信息网络系统建设

严格落实属地责任，省级南水北调征迁机构对本省南水北调征迁信访总负责，市级南水北调办通过直接组织工作、县级干部分包县区等方式，确保每个县、每个标段、每起纠纷有人问、有人管、有结果。加强巩固市、县、乡、村四级矛盾纠纷排查化解网络建设，及时了解矛盾纠纷发展动态，把矛盾纠纷化解在萌芽状态，避免事态扩大。通过建立省、市、县、乡各级信访联络员制度，形成上下联动、信息共享、快速反应的信访稳定工作网，并与各级信访局建立定期沟通机制，经常性邀请市信访局领导和精通信访业务的工作人员到南水北调征迁一线指导信访稳定工作，帮助解决疑难问题，共同维护稳定工作大局。

第六节　监理和监测评估单位第三方作用到位

监理和监测评估是一种管理手段，是项目管理中的一个有效组成部分，其职能简单地说就是通过监督、监测，诊断项目实施过程中存在的问题以及可能产生的后果，对项目的实施情况和效果做出评价预测，针对存在的问题和值得推广的经验，及时把信息传递到管理者手中，以便管理者进行决策，使项目实施达到最佳效果。

南水北调工程东、中线一期工程干线征地拆迁是一项巨大、复杂的社会系统工程，参与方众多，涉及多方利益，为保障各方合法权益，保证征迁安置项目顺利实施，必须加强对征迁安置工作的监督管理。南水北调工程东、中线一期工程干线征地拆迁根据国务院南水北调办关于征迁监理和监测评估的有关规定，通过公开招标制确定了监理和监测评估单位，对征迁安置进度、质量、资金拨付和使用情况进行监理，对移民生活水平的恢复情况进行监测评估。

一、监理工作方法

征迁安置监理主要是检查征迁安置实施情况，征迁安置计划执行情况，对收集的数据和检查的结果进行整理分析，查找征迁安置实施中存在的问题及原因，对存在的问题提出整改意见，对征迁实施情况做出评价。监理主要工作方法是按照事前、事中、事后三个阶段，对征迁安置实施情况进行监督控制。

1. 事前监理

（1）参与技施设计阶段征迁安置规划设计成果的审查。

（2）参与征迁安置规划设计交底。

（3）协助委托方审核实施单位提交的征迁安置年度计划。

（4）参与审查设计变更申请并提出监理监测意见。

（5）建立征迁安置质量检查工作制度。

（6）检查征迁安置实施相关单位资金财务管理制度建立情况。

2. 事中监理

（1）及时收集实施单位有关征迁安置实施情况报表。

（2）协助委托方核查承包商的资质和质量保证措施，并督促其建立、完善质量保证体系。

（3）督促征迁安置实施单位严格按批准的征迁安置规划组织实施。

（4）现场检查征迁安置进度、质量情况，查看资金拨付使用管理情况。

（5）查找征迁安置实施中存在的问题并分析原因，参与有关征迁安置进度、质量和资金问题的处理。

3. 事后监理

（1）对监理监测整改意见落实情况进行检查。

（2）检查核实征迁安置实施相关数据和资料的归类、编目、建档、归档等情况。

（3）参与征迁安置验收。

二、监测评估工作方法

征迁安置监测评估主要工作方法是通过对征迁群众的基本情况进行抽样问卷调查和访谈，通过基底调查和每年跟踪调查，以掌握征迁群众的生产生活水平现状及变化情况。监测评估的主要内容包括人口情况和劳动力从业结构、生产资料及生产条件、基础设施和公共服务设施、收入情况和生活条件、村级（社区）组织建设等情况。

三、监理和监测单位的作用

为了监理和监测评估单位能够充分发挥作用，各省市征迁安置指挥部为监理和监测评估单位规定了详细的监督流程，确保其依法行使职责。监理和监测评估单位成立了监理和监测评估项目部，实行监理和监测评估工作负责人全权负责制，开展经常性的监理评估工作和阶段性的监测评估工作。通过对征迁安置工作的规划实施情况、计划完成情况、累计任务完成情况、搬迁安置整体质量和效益的监督评价，彻底摒弃了重工程、轻移民、重搬迁、轻安置的思想，从征迁群众补偿、搬迁、安置和恢复、发展等进行全过程监督，有效地推动了征迁工作的顺利进行。

（一）监理和监测评估单位是决策机构和征迁安置管理机构的眼睛和参谋

为了能够充分发挥作用，监理和监测评估单位建立详细的工作流程，确保其依法行使职责。一是巡视，监理单位为全面了解征迁工作进度情况，坚持定期到现场巡查，对征迁工作质量、进度和批复的规划执行情况。二是督查，监理和监测单位在督查中发现问题，提出整改意见和建议，重大问题及时向省级政府移民办报告。在征迁安置实施过程中还参加省级政府移民办组织的进度、质量督查和检查。三是座谈，监理和监测评估单位除了参加省级政府移民办和安置地市、县移民机构有关会议外，到各地巡视时，经常召集相关人员座谈，了解工程进度、质量情况，总结推广好的做法，对存在的问题提出处理意见及建议。四是协调，监理和监测评估单位均参加省政府移民办召集的协商会，市、县现场协调会，以及有关问题处理协调会，按监理和监测评估工作要求提出意见和建议，为省级政府移民办决策提供依据。五是核查，对征迁安置规划设计漏项及有关问题处理进行核查。六是信息编报，按合同规定，监理单位按时记录监理评估日记和编报监理旬报、月报等，监测评估单位通过编制监测评估半年报、年报定期信息，根据征迁工作需要编报监理简报、专题汇报和建议等不定期信息。通过上述方法，监理和监测单位帮助省级人民政府和移民管理机构全面及时地了解征迁安置的动态情况，及时发现和揭示征迁安置过程中的重大问题，提出解决问题的建议和对策，为领导的科学决策提供技术依据。

（二）监理和监测评估是严格实施征迁安置规划和计划的卫士

南水北调工程征迁安置工作专业性强，涉及面广，内容包罗万象，情况复杂。实施过程中，新情况、新问题随时出现，征迁安置规划、计划不可避免地会发生一些变化。监理和监测评估是保证征迁安置规划、计划正常有序实施的有效监督手段。监理和监测评估人员自始至终处在征迁安置工作的第一线，采取巡视、督察、座谈、核查等方法，按时记录监理和监测日记和编报监理旬报、月报、监测评估月报等定期信息，监理日志由专人记录，内容为征迁安置工作存在问题及处理意见；旬报和月报主要反映监理和监测评估工作开展情况、征迁安置进度、质量、投资及有关市、县好的做法、存在问题及建议，并附有大事记和工作照片，由省级移民主管部门分送有关单位和领导，同时上报南水北调办和监理和监测评估单位。并根据征迁安置工作需要，编报简报、专题汇报和建议等不定期信息，将发现的主要问题或需要提请省、市移民局（办）注意事项上报省级移民主管部门。这些定期信息和不定期信息，全面反映了征迁安置工作中各地的征迁规划和计划执行情况，对找出执行活动出现的偏差和存在的问题提出整改措施和建议，帮助省级人民政府和征迁管理机构全面及时地了解征迁安置的动态情况，协助政府和征迁管理机构更好地指挥和管理征迁安置工作，从而很好地维护征迁规划、计划的严肃性，确保征迁安置任务的如期完成。

（三）监理和监测评估单位是确保征迁安置质量和效益的有效措施

监理单位从进驻现场起，制定下月工作计划，使工作人员了解监理下月的工作重点及本人负责的工作内容和要求；监测评估单位从进驻现场起，监理和监测单位通过对重点工作进行督查，发现问题，及时召集有关县（市）移民局

(办)、工程监理、施工单位负责人现场协调，限期整改，强化复查，共性重大问题以文件、监理旬报或月报、监测评估半年报或年报反映，及时报省级政府移民办。通过征迁安置活动全方位、全过程的监督，利用监理和监测评估指标体系的系统归纳和分析，及时揭示征迁安置工作中的矛盾隐患和重大问题，提出切实可行的对策建议和措施，确保征迁安置的整体质量和效益。

(四) 监理和监测评估单位积极协调各方关系、维护群众合法权益

南水北调工程中、东线征迁安置工作，不仅涉及委托方、实施单位和征迁安置对象，还涉及政府的许多部门以及社会的方方面面，因此需要这些部门、单位和各方的参与、支持和配合，这就不可避免地要出现一些问题和矛盾。要平衡协调这些问题和矛盾，除了政府职能部门出面协调外，监理和监测评估单位做了大量协调工作。一是参加省级政府移民办召集的协商会，市、县现场协调会，以及有关问题处理协调会，按监理和监测评估工作要求提出意见和建议，为省级部门决策提供依据。二是针对实施过程中出现的各种矛盾和问题，兼顾国家、集体、个人三者利益，谨慎、实事求是、客观公正地进行协商，达到化解矛盾、解决纠纷、维护稳定的目的。三是在监理和监测评估服务过程中，向搬迁群众宣传解释有关法规政策，使搬迁群众懂得安置补偿政策，知道安置标准，能够自觉维护自身的合法权益，增强群众法律意识和自我保护能力。

第十八章

征地拆迁在工程建设中的重要性

征地拆迁工作做得好不好，不仅关系到征迁群众的切身利益，更关系到党在人民群众中的形象和威望。以往水利水电工程建设中长期存在“重工程、轻移民”的现象，因此造成了移民遗留问题，并在社会上引起了一定的不良影响。为避免出现类似的不利后果，在南水北调干线工程征地拆迁安置工作中，各级政府及各有关部门高度重视，把征地拆迁放到与工程建设同等重要的地位来抓，切实加强组织领导，精心筹划实施，以南水北调工程建设目标促进征地拆迁工作的开展，以征地拆迁成果保证了工程建设目标的实现，较好地实现了工程建设和征地拆迁的双赢。

第一节　征地拆迁是工程建设的重要前提

（一）征地拆迁安置成本，影响工程项目立项

近年来，征地拆迁安置投资在工程项目建设总投资的占比日益提高，目前水利水电工程建设项目已占到了50%以上，有的甚至达到了70%～80%。鉴于我国所处的经济社会发展阶段，工程项目的轻重缓急和投资规模仍是确定项目实施与否的因素。因此，征地拆迁安置的成本是影响工程建设项目的立项。

（二）征地拆迁安置规划深度影响工程按期开工

征地拆迁安置规划是决定征迁工作顺利实施的关键。如果征迁安置规划深度不够，或者精细度差、缺漏项严重，将导致规划设计与实际不符，引起实施中的设计变更和相应的投资变化，延缓征地拆迁工作进度。如果安置规划与实际差异过大，实施中无法落实，有可能导致征地拆迁安置规划重新编报审批，对征迁工作进度造成严重影响，进而影响工程开工。

（三）征地拆迁安置进度，保障工程建设进度

南水北调干线工程是全长几千公里的线性工程，征用地面积大，生产生活安置群众多，途经城（集）镇，还与铁路、公路、电力、油气管道、广电线路等众多专项设施交叉。征迁工作按时完成、如期提交建设用地，是工程顺利开工的前提。开工后，征迁机构根据工程现场设计变更继续提交新增用地，迁建漏项的专项设施，处理群众阻工事项，维护工程沿线的施工环境。及时、高效的征迁安置工作，为工程建设提供了保障，如期实现了南水北调工程通水目标。

第二节　征地拆迁服务于工程建设全过程

一、征地拆迁工作与工程建设相辅相成

（一）征地拆迁安置工作的顺利推进能够为工程建设目标的如期实现提供强有力保障

征地迁占补偿款足额到位、附着物清除早日完成，能够及时交付建设用地，保证工程按期开工；工程开工后，抓紧完成城（集）镇、企事业单位、专项设施迁建等任务，能为工程建设提供新的工作面；及时协调解决征迁遗留和施工影响等群众反映强烈的问题，又能避免出现阻工、停工事件，保障工程建设顺利进行。故征地拆迁工作成果保证了南水北调干线工程建设目标的如期实现。

（二）按期实现工程建设目标反过来促进征地拆迁安置工作的进展

长远来看，南水北调干线工程建成发挥效益后，其能够为沿线群众带来真真切切的好处，所以从历史的角度来看南水北调工程建设必然得到广大人民群众的理解和支持。而对于南水北调某个单元工程建成通水后，群众看到这个工程带来的巨大社会效益和生态效益，也必然会对下一个单元工程的征地拆迁工作做出实际的支持和拥护，所以前一个单元工程项目建设取得巨大成功，也会促进下一个单元工程项目征迁的顺利实施。

总之，征地拆迁与工程建设之间应是相辅相成、有机统一的，处理好其之间关系的关键就在于给予征地拆迁工作足够的重视，力求做到征地拆迁和工程建设有机结合、互相促进。南水北调干线工程征地拆迁和工程建设工作恰恰既完成工程建设目标实现广大人民群众的长远利益，又兼顾了沿线被征迁群众的短期利益，取得了双赢的效果。

二、征地拆迁服务于工程建设全过程

（1）规划阶段，征地拆迁安置规划设计是为整个项目设计蓝图的实现服务的。征地拆迁安置的规划设计在整个工程项目设计中属于下游专业，工程项目设计首先是确定工程建设的目标以及工程建设的主要内容，根据工程建设内容再确定永久征地范围以及临时用地数量，进而进行移民生活搬迁和生产安置规划设计以及相关的专项设施、企事业单位迁建、城（集）镇迁建、临时用地复垦规划设计等，所以整个征迁安置规划设计都是为了使工程建设目标实现所做的工作。

（2）建设阶段，征地拆迁安置组织实施是为工程建设项目按期开工和如期完工服务的。征地拆迁安置的主要工作内容包括划定永久征地范围、清除附着物、搬迁安置移民、对受影响群众进行生产安置、迁占村副业、企事业单位、城（集）镇等，目标之一就是交付永久用地和临时用地，而交付工程用地的目的即是为了保证工程建设项目按期开工；此外，在工程顺利开工后的建设过程中，还会出现这样那样的征迁和施工影响问题，导致出现阻工、停工现象，这就涉及征地拆迁安置的另一项重要工作内容施工环境协调和保障，即及时协调征迁和施工影响问题，全力以赴避免长时间阻工、停工事件的发生，确保工程建设有一个良好的外部环境。

（3）收尾阶段，征迁后期遗留问题的解决是为保证尾工建设顺利进行以及工程通水试运行服务的。征迁和工程建设影响的遗留问题是需要时间才能暴露出来的，经过几年集中的工程建设期，到了工程建设收尾阶段，征迁遗留问题和施工影响问题逐步凸显出来。征迁遗留问题主要包括前期征地造成的难以或无法耕种的边角地、设计变更引发的新增征地、征地补偿等，施工影响问题主要包括灌排体系被打乱、工程周边交通道路、桥梁被压坏、施工降水影响等，在工程收尾阶段，必须高度重视上述遗留问题，认真制定科学的实施方案，经严格评审后批复实施，妥善解决这些关系群众切身利益和影响群众正常生产生活的问题，并及时协调处理由此引发的群众信访、上访事件。

（4）验收阶段，征地拆迁安置工作是为建设项目用地合法化和保障工程运行管理服务的。这一阶段主要的工作内容包括征地手续报批、土地确权登记发证、永久界桩埋设（管理范围划定）、保护范围划定等。征地手续获得国土资源部的批复，使得南水北调工程建设用地取得了合法手续。办理了土地使用权（或他项权）证书，才真正确定了土地权属，为工程运行期间处理边界纠纷提供法定依据。永久界桩的埋设确定了南水北调工程的管理范围，为运行管理单位对工程实施有效管理提供了便利、创造了条件。依照《南水北调工程供用水管理条例》划定的南水北调工程保护范围，有利于沿线群众正确行动、避免实施影响工程运行、危害工程安全和供水安全的行为，也有利于其他单位在进行本行业工程设施建设时规范自身行为。

第十九章

各类征迁问题的处理

南水北调东、中线一期工程干线征地拆迁工作是一项复杂的系统工程，涉及范围广、工作周期长，如期完成征地拆迁工作，顺利实现工程如期通水，这一辉煌成就的取得是决策者、建设者、实施者集体智慧的结果，凝聚着每一个参与者的心血。征地拆迁工作在实施过程中，涉及各种征迁问题，各参与单位精心组织，统筹安排，不断创新，针对各类问题，总结了干线工程征地拆迁安置的新方法、新模式，为后续干线工程征地拆迁工作提供了有益的借鉴。

第一节　线型工程征地补偿政策探索

一、土地补偿政策的变迁

2002年12月23日，国务院正式批复南水北调总体规划，2013年11月15日南水北调东线一期工程正式通水，2014年12月12日南水北调中线一期工程正式通水，在此期间，我国土地补偿政策进行了几次修订。南水北调东、中线一期工程征地拆迁处于征地补偿政策变化修订期间，为土地补偿政策完善起到了一定的作用。

1999年1月1日开始实施的《中华人民共和国土地管理法》，对建设用地作了专门规定，征地补偿按被征用土地的原用途给予补偿，其标准是土地补偿费为该耕地被征用前三年平均年产值的6～10倍；安置补助费为4～6倍，安置补助费最高不得超过被征用前三年平均年产值的15倍。土地补偿费和安置补助费的总和不得超过土地被征用前三年平均年产值的30倍。

2004年10月21日，《国务院关于深化改革严格土地管理的决定》（国发

〔2004〕28号）提出，要严格执行土地管理法律法规，加强土地利用总体规划、城市总体规划、村庄和集镇规划实施管理，完善征地补偿和安置制度，健全土地节约利用和收益分配机制，建立完善耕地保护和土地管理的责任制度。

2004年11月3日，《关于完善征地补偿安置制度的指导意见》提出，关于征地补偿标准：统一年产值标准的制定、统一年产值倍数的确定、征地区片综合地价的制定、土地土地补偿费的分配。关于被征地农民安置途径：农业生产安置、重新择业安置、异地移民安置。关于征地工作程序：告知征地情况、确认征地调查结果、组织征地听证。关于征地实施监管：公开征地批准事项、支付征地补偿安置费用、征地批后监督检查。

南水北调东、中线一期工程干线征地补偿是我国输水工程率先使用16倍土地补偿政策的工程，期间又经历征地补偿安置制度的完善，在征地补偿标准、安置途径、征地程序、征地实施监管等方面适应政策的变化。

二、补偿标准统一性与地区政策的差异性

同地同价，以保障群众利益，根本解决不同行业标准差异较大的问题，并建立被征地农民社会保障制度是我国一直探索的征地政策方向，也给南水北调东、中线一期工程干线征地拆迁工作带来较大影响。南水北调工程作为跨区域的重大工程，需要保证其补偿标准、安置方案的相对稳定和一致性；在遵循一致性的基础上，对于地区的差异性，则需要给地方政府以自主权和调剂空间。省级地方政府可在国家批复的初步设计及投资范围内，结合地方特殊性，编制实施方案，通过耕地占用税返还、土地出让金等弥补投资缺口，确保征地拆迁工作顺利完成。

在南水北调东、中线一期工程干线征迁工作中，中线总干渠穿越焦作市区，征迁任务十分艰巨，在河南省委、省政府的坚强领导和焦作市委、市政府的有力组织下，焦作市举全市之力，与城市规划改造相结合，在南水北调征迁安置费用的基础上贷款22亿用于征迁补偿，组织2000多名机关干部入户，深入做好群众工作。通过艰苦努力，按时完成了拆迁任务。北京市、天津市等干线工程涉及省级政府都通过地方财政补贴较大数额的资金用于征地拆迁安置。

第二节 线型工程城（集）镇搬迁处理

一、坚持规划先行、以人为本的指导思想

南水北调东、中线一期工程干线城（集）镇搬迁安置，各级部门一直强调

“以人为本，和谐征迁，规范运作，科学发展”的指导思想。搬迁安置要做到和谐发展、科学发展，规划先行是基础，结合征迁安置群众实际情况，当地区域规划情况，前期做好征迁安置规划。

（1）科学发展观：强调经济、社会、环境协调发展，使物质文明、精神文明和安置点环境组成和谐的有机整体。

（2）城乡统筹观：统筹协调镇域居民点与镇域产业布局、重大基础设施的关系，合理安排布局和配套设施，改善人居环境，传承民族文化。

（3）资源节约观：集约利用土地资源，节约能源、水源，提倡节俭风尚，建设节约型社会和节地型安置点。

（4）人文关怀观：规划以人为本，体现公众利益，打造环境优美的人居安置点与和谐安置点。

（5）生态环境观：积极保护原有生态环境，积极改造环境薄弱环节，防止水土流失。

（6）持续发展观：既注重当代经济发展又为未来发展留足空间。

二、建立完善与工程配套的政策体系

为保证征迁群众生活生产水平达到或超过原有水平，各级政府出台了南水北调工程征地拆迁相关政策，包含医疗保险、社会救助、教育就业、住房保障、人口计生、农林水项目扶持等方面优惠政策。一是就业培训方面，举办就业技能培训，使征迁群众掌握就业技能；为征迁群众组织招聘会，提供就业机会；提供小额贷款资金，为征迁群众提供小额担保贷款、职业培训补贴，鼓励征迁群众自主创业。二是养老保障方面，明确征地补偿费用包含社会保障费用，由地方政府设立专账，确保用于被征迁群众的养老保障。三是医疗保障方面。将征迁居民纳入城镇居民医疗保险范围，鼓励征迁村用土地补偿款20%的村集体留成部分，为征迁群众办理医疗保险；对低保户、重度残疾人直接纳入城镇居民医疗保险。四是住房保障方面，对低收入住房困难征迁户进行购房贷款贴息；凡征迁补偿款不足以购买政策安置房的困难户，出台相关政策，可享受财政补助资金。五是教育就学方面，建立征迁户子女入学绿色通道，保障征迁户子女搬迁期间就近入学。六是法律服务方面。成立南水北调法律服务律师团，为征迁群众免费上门提供法律咨询和法律服务。此外，在水气安装、人口计生、体育服务、电力通信等方面，也出台了一系列优惠政策。

第三节 用地手续办理对策

一、强化规划管理，节约用地

由于南水北调工程占地规模较大，因此务必将节约用地的理念贯彻到规划设计中去。一是在可研阶段，要吸收土地管理相关专业的人才参与南水北调项目规划设计，依据土地利用总体规划进行选址选线，并专门对工程项目占地的必要性、占补平衡的可行性等进行充分论证和细化设计，方案比选时要将占地规模作为衡量方案优劣的重要指标；二是在初步设计阶段，要进一步对工程占地进行优化设计，尽量减少占地；三是在审查时，要有国土资源管理行业的专家参与，由国土资源行业专家对工程占地情况进行专题审查，避免不合理占地。通过以上举措，可达到节约用地、保护耕地的目的，并且可以减轻后期办理征地手续的负担和难度。

二、加强设计管理，提高设计深度

南水北调工程规划设计单位编制的初步设计报告经国家审查批复后，是实施阶段征迁安置任务与投资包干的基础，为提高规划设计的深度和精度，应采取以下措施。一是优化设计、节约用地，对于工程变更引起的新增建设用地，要贯彻优化设计、节约用地的设计理念，能够通过优化设计解决的，尽量通过设计优化消化。二是加强南水北调工程设计合同管理，合同条款中强化规划设计单位责任并落实奖罚措施，促使设计单位提高设计质量。三是早作安排，为设计单位留出充足的设计工作周期。四是搞好南水北调工程设计、施工组织设计与征迁安置设计等上下游专业的衔接，提高设计准确性。五是实物指标调查要准确、实事求是，尽量避免设计掉、漏项问题的发生。六是征迁安置投资概算编制时土地补偿标准、类别应参考被征地位置土地利用现状图的地类、面积，附着物所采用的补偿标准要切合实际，尽量按照国家、省、市颁布的最新标准，提高概算编制精度。

三、及时解决勘界工作难点

新中国成立后，农村土地经历了农民土地所有制、农民集体土地所有制、农村家庭联产承包经营责任制等阶段，农村地权则由土地所用权逐步分化出集体土地所有权、土地使用权、土地经营权等各权种。城市土地则经历了城市国有化奠基、基本国有化、国有化完成期、城市土地制度改革期等时期，各个时期土地权种也在不断变化，情况非常复杂，具有较强的专业性。

南水北调工程征地勘界过程中发生权属争议并不鲜见。由国土资源部门及地方政府根据职责分工及隶属关系协调解决，涉及征占用林地的，由林业与国土资源部门会同确定，不能达成一致的，由同级人民政府协调确定。主要遵循以下原则：

（1）从实际出发，尊重历史的原则。土地权属争议产生的原因很多，但多数是因历史遗留下来的问题所引起的，这种情况在集体组织之间的土地权属关系中十分常见。引起这类争议的主要原因有：①历史上乡、村、社、队、场因合并、分割、改变隶属关系等行政建制变化遗留的权属未定、权属不清；②因过去的土地开发、征地退耕、兴办或停办集体企事业、有组织移民形成的权属不清；③因过去无偿占用或“一平二调”造成的权属争议；④地界不明，包括过去无偿划河滩地、荒地时未计算面积和划定地界，历史上无地界标志或地界标志不明，新划地界不清或不合理，兴修水利、平整土地、开荒、更改河道等造成地界变化等情形。这些争议的普遍特点，就是土地占有现状缺乏权属依据或者权属依据难以证明。处理这类纠纷，应当从历史出发，摸清争议土地的历史发展变化，查明引起变化的事实背景和当时的政策依据，确定争议产生的原因，密切与国土部门的配合，在尊重历史的前提下，尽量维持土地利用的现状，适当照顾各方利益平衡，以合理划定地界、确定权属。

（2）现有利益保护的原则。在土地所有权和使用权争议解决之前，任何一方不得改变土地现状，不得破坏土地上的附着物，争议双方应本着保护现有利益的原则，不进行任何破坏土地资源，阻挠争议解决的行为。在涉及历史原因的集体土地争议中，如历史事实不清、相关政策或政策依据不明，应以土地实际占有的现状为依据确定权属关系。在国有土地因重复征用或重复划拨引起的土地争议中，也应本着“后者优先”的原则，按土地利用现状确定权利归属。

（3）国家土地所有权推定原则。按照先行的土地管理法，尤其是工程穿越城市市区的土地比较复杂，这部分土地属于国家所有，农村和城市郊区的土地除法律规定属国家所有的外，属于集体所有。事实上，在城市市区以外的很大一部分，还有面积广大的土地也属于国有土地，其中有一些是与集体土地相邻或者相互交错的。这种情况下，在国家与集体之间发生权属争议而已有的证据又不能证明权利归属时，应推定为国家所有。勘测定界测绘中根据《土地管理法实施条例》第二条第四项规定的精神，对于城市市区以外的土地，应采取国家所有权推定的制度，即凡是不能证明为集体所有的土地都是国有土地，实践证明在国家重点和大型工程征地中坚持这一原则能够起到至关重要的作用。

四、改进线性工程单独选址用地报批方式

针对南水北调东、中线一期工程干线建设过程中存在的跨多个县、市的线型工程一同组件、一同报批，造成相互牵制的问题，根据用地组件报批进展情况和符合动工条件等情况，可采取分段报批的方式呈报国务院审批用地。

第四节　临时用地复垦方案编制模式

土地资源是人类赖以生存的基本资源。生产建设项目等的建设临时使用土地不可避免地导致土地功能发生变化，致使土壤结构破坏、服务功能损失。土地复垦作为一项合理复垦、开发利用已破坏的土地资源，切实保护耕地，改善生态环境的长期工作，对实现我国土地资源的可持续发展有着极其重要的意义。

南水北调东、中线一期工程为线性调水工程，临时用地 45 万亩，做好临时用地复垦工作有利于恢复改善生态环境，可有效减少社会矛盾和隐患。复垦方案是进行土地复垦的依据，因此，编制科学、合理的复垦方案显得尤为重要。

一、临时用地复垦方案的编制

在临时用地征用之前，进行基底调查。由省级南水北调机构协调，县级南水北调机构组织，设计单位、监理单位、乡（镇）、村等相关单位组成联合调查组对临时用地范围土地现状包括权属、地类、土壤质地、表土厚度、耕作习惯、灌排、交通设施等指标进行了调查。在临时用地使用之后，进行现状调查，由省级南水北调机构协调，县级南水北调机构组织，设计单位、监理单位、施工单位、乡（镇）、村等相关单位组成联合调查组对表土剥离情况、堆土高度、施工工艺、损毁形式、损毁程度等情况逐村逐地块进行分类测量、调查。

根据两次调查资料，临时用地复垦方案编制单位编制形成复垦方案初稿，组织召开复垦方案编制座谈会，充分征求当地政府、复垦所涉及村委及村民代表意见。

这种临时用地复垦方案编制工作模式，施工单位、当地政府、土地所有人等的共同参与，不同主体间的矛盾冲突得以协调，增强了复垦措施的可行性，

为土地复垦综合效益的发挥奠定了基础。各方积极参与到了包括现场调查、复垦方向的确定、复垦措施的拟定以及方案的协调论证等复垦方案编制的各个环节中，真正体现了全过程参与。

二、土地复垦适宜性评价

复垦适宜性评价是土地因地制宜复垦的前提，是土地合理利用的基础工作。南水北调东、中线一期工程干线临时用地在复垦方案编制过程中，进行了土地复垦适宜性评价，以山东省为例来概括临时用地复垦适宜性评价的方式方法。

复垦适宜性评价和复垦方向的确定遵循尽可能恢复原土地利用类型、且耕地数量不减少、质量不降低的原则。根据现场调查结果，针对不同的破坏方式对土地损毁程度等进行全面分析预测，参照损毁前的土地利用情况，采用破坏方式、破坏类型与地块法相结合的方法将适宜性评价单元划分为弃土临时用地适宜性评价单元和施工临时用地适宜性评价单元两类，考虑到南水北调工程临时用地带状分布，点多、线长的特征，在已确定的适宜性评价单元的基础上以行政村为单位确定复垦工作区。

在对评价单元的适宜性进行初步分析的基础上，在充分考虑评价单元损毁前的土地利用类型的前提下，依据复垦区的自然概况、社会经济概况等，初步确定复垦区各评价单元的复垦方向。在此基础上，结合土地破坏特征以及区域自然环境、社会环境特点，采用参比原地类或相邻同用途土地地类的方法进行复垦可行性分析，并提出主要复垦措施。

根据现场调查或收集的相关资料，将评价单元的土地质量指标分别与根据《农、林、牧生产用地污染控制标准》《土地复垦技术标准》等确定的适宜性评价参评因素等级评价标准进行逐项比配，得出复垦土地适宜性评价等级。

依据适宜性评价结果，参照项目区土地利用总体规划、土地复垦目标等，在尊重土地权利人意见的前提下，充分考虑复垦工程措施的经济可行性和技术合理性，确定最终的复垦方向。在此基础上，考虑到便于工程设计、施工和监督管理，把复垦方向相同、复垦的主要工程技术措施一致的损毁单元归类为一个复垦单元。

三、复垦措施

土地复垦方案中工程项目可操作性的强弱，直接关系到复垦资金能否落到实处，也关系到复垦的效果。因此，对复垦方案中工程措施的可操作性进行分析研究，具有重要的现实意义。

1. 工程技术措施

土地复垦的工程技术措施即通过一定的工程措施进行造地、整地的过程，同时在造地、整地过程中通过水土保持工程建设减少土地流失发生的可能性，增强再造地地貌的稳定性，为生态重建创造有利的条件。

临时用地的工程技术措施主要有三个方面。

（1）临时用地压占和挖损的耕地剥离其表土层，作为临时用地复垦区域覆土层。

（2）工程占用部分耕地，在工程施工时可能破坏其周边的灌溉设施，因此，在土地复垦整治的同时，根据其原有土地利用功能并结合四周现有的灌溉设施，形成完整的灌溉系统。

（3）根据土地复垦可行性分析确定的各地块土地利用方向，对土地复垦区域各地块进行规划设计，进行田块平整、翻耕，配套沟、路、渠等农田基础设施以满足农业生产的需要。

2. 生物和化学措施

生物复垦的基本原则是通过生物改良措施，改善土壤环境，培肥地力。利用生物措施恢复土壤有机肥力及生物生产能力的技术措施，包括利用微生物活化剂或微生物与有机物的混合剂，对复垦后的贫瘠土地进行熟化，以恢复和增加土地的肥力和活性，以便用于农业生产。

第二十章

南水北调后续工程征迁安置工作管理思考

南水北调东、中线一期工程干线自通水以来，受益范围不断扩大，受益人口不断增多，受水区水质明显改善，供水用量连年上升，生态效益愈发凸显，南水北调工程重要基础性作用无可替代。通水后，京津冀地区用水结构出现了新变化，用水需求和保障出现了新情况。为确保“十三五”时期京津冀协同发展和区域生态文明建设、京津冀三地生产生活用水需求，根据中央精神，国务院南水北调办已经开展东线一期工程北延应急供水工程、东线后续工程规划前期工作。截至目前，南水北调东、中线一期工程干线征迁安置还存在少量尾工、环境影响、临时用地退还处理、信访维稳等，又即将面临东线一期工程北延应急供水工程的征迁安置工作；加之 2017 年 6 月 1 日起实施新修订的《大中型水利水电工程建设征地补偿和移民安置条例》（国务院令第 679 号），其中“建设征地土地补偿和安置补助实行与铁路等基础项目同地同等补偿标准”。新征地补偿和补助政策的实施必将给南水北调工程也带来新的挑战。在新老问题交替一起、国家政策调整、沿线社会群众维权意识增强等情况下，如何借鉴南水北调东、中线一期工程干线成功经验，依法依规开展征迁安置，确保工程顺利建设，群众利益切实得到保障，沿线社会稳定，是摆在我们面前应该认真思考的问题。

第一节　政策法规与管理机制

一、征迁安置政策衔接或调整问题

南水北调东、中线一期工程干线征迁安置管理工作，指导思想及实施管理是按照《南水北调工程建设征地补偿和移民安置暂行办法》(国调委发〔2005〕1号)(以下简称《暂行办法》)具体实施的，在实施管理过程中，从国家层面到地方政府层面都相继陆续出台或修订了各方面包括征地补偿、资金管理、税费、压覆矿产处理、文物保护、临时用地管理、安全保卫、征迁验收、档案管理等相关的法律法规，为南水北调东、中线一期工程干线征迁安置工作顺利实施提供了政策依据和实施管理保障。

从2002年南水北调东线一期工程开工建设至今已十几年，国家征迁安置相关政策也有个别调整或修订，特别是2017年6月1日起实施新修订的《大中型水利水电工程建设征地补偿和移民安置条例》(国务院令第679号)，而且沿线各省（直辖市）经济社会发展，社会大环境有新变化，群众维权意识更加增强。后续南水北调征地拆迁工作，应结合十几年征迁安置工作实践，从国家层面到各地方层面，都应该积极考虑研究，对原有出台的包括各方面的政策或法规进行适时修改，为后续工程提供切实可行的政策依据，为征迁安置工作顺利实施提供保障。

二、管理机制问题

1. 完善群众参与机制

征地拆迁工作与群众利益密切相关，在实施过程中让群众参与非常必要。切实保护群众民主权益，保障群众知情权、表达权，应该从征迁安置规划大纲和征迁安置规划编制开始，就要更加深入，更加细致地做好入户调查、问卷调查工作，广泛听取意见；实物调查、规划实施到竣工验收过程中，从补偿方案制定、补偿资金拨付到资金使用管理，有必要组织代表参与监督，让群众全过程参与到征迁安置工作，义务做政策宣传员，信息沟通员，在监督政府工作让权力在阳光下运行的同时，更好地畅通信息渠道，将政府信息公开，保障工程建设、征迁安置工作顺利实施，社会稳定。

2. 各方参与协调机制要保障有力

征迁安置工作内容多，涉及部门多，可以通过机制创新，建立多层次各方参与协调机制。省级人民政府指挥机构及南水北调办事机构，市、县人民政府指挥机构及其南水北调办事机构，国土部门、林业部门、项目业主、设计单位、地方公安机构及其他相关单位等在工作中要继续密切协调配合，各司其职，为征迁安置顺利实施提供保障。省、市、县人民政府指挥机构应当高度重视，按照工作责任统筹做好本辖区内征迁安置工作。省、市、县南水北调办事机构按照工作权限做好职责范围内各项工作。各级国土部门、林业部门负责本区域内征地手续办理、临时用地复垦等工作的业务指导协调，其他相关部门负责各相关领域的业务指导协调配合工作。项目法人应积极参与征迁安置各项工作，及时足额兑付征迁安置资金，密切关注征迁安置进展情况，主动与地方政府协商解决工作中存在的问题。设计单位要充分发挥技术牵头和设计归口作用，全过程做好综合设计（设代）工作，及时解决征迁安置实施中出现的规划设计问题。地方公安机构要加强南水北调沿线治安管理，为工程建设和搬迁安置工作提供良好社会稳定环境。

3. 充分发挥监理监测机制

征迁安置工作实行全过程监理监测是法律的明确要求，是保证征迁安置目标实现的重点手段。要着力强化监督管理，及时跟踪检查征迁安置实施进度、实施质量、资金拨付和使用情况以及生产生活水平的恢复情况。进一步加强征迁安置进度控制、质量控制、投资控制，加强合同管理、信息管理，组织协调，提高监理监测工作质量。要着力强化评估作用，进一步完善情况反馈机制。通过全方位，不间断的监理监测，及时发现并反馈征迁安置过程中存在的困难和问题，提出针对性的措施建议，把监理监测的成果转化为改进征迁安置实施管理的成果，确保征迁安置目标的顺利实现。

第二节　征　迁　安　置

一、干部队伍建设

征迁安置工作是一项政策、技术密集型的工作，要做好征迁安置工作，干部队伍能力建设是关键。从 2012 年 12 月南水北调东线一期工程济平干渠、三潼宝工程开工至今，十几年的征迁安置实施管理工作给南水北调沿线培养了一大批政治责任感强、工作经验丰富、业务能力强的好干部，切实保障了征迁安置工作的顺利开展。目前很多工作经验丰富的老领导、老同志已退休，在岗的工作人员也有很多进行了调整，加之新政策出台、原有遗留问题处理与后续工程征迁安置即将开始，工作复杂，难度大，通过开展培训等提高现有工作人员能力素质很有必要。培训可以采取多种形式和方式，比如请离退休老同志传授工作经验，请专业老师培训业务知识，组织开展现场实地学习等；倡导工作人员主动学习，在勤学中增强素质，善于向书本学，善于向群众学，善于向同事学；勇于在实践探索中确解难题。面对工作中遇到的各种困难问题，敢于探索，迎难而上，攻坚克难。在依法征迁方面，要认真研究在新法规出台的前景下，如何紧密衔接，完善征地补偿政策，更好地维护征迁安置群众根本利益的问题；在征迁安置实施管理方面，要认真研究如何解决征迁安置进度滞后的问题，统筹协调好工程建设进度和征迁安置进度，做到征迁安置进度适度超前于工程建设力度，要研究如何规范水利工程征迁安置竣工验收的问题，使验收管理更具实效性。

二、实施管理

1. 征迁安置实施方案

征迁安置实施方案是征迁安置工作的依据，是维护征迁群众合法权益和保障沿线社会稳定的根本，是征迁安置工作能够顺利开展的保障。制定征迁安置实施方案，首要保证实物指标调查的准确性。实物指标调查是补偿补助的基本依据，必须精心组织、高度负责，查清查细、全面准确，做到不错、不漏、不重、不假。坚持阳光操作，经签字认可的实物调查成果必须在被调查村（组）进行公示无异议。实施方案中的生产生活安置、专项设施迁建、企事业单位迁建、城（集）镇迁建、临时用地复垦规划设计等各方面，既要坚持国家有关政策规定，又要结合当地经济社会发展的实际，要将原则性和灵活性有机结合起来，为征迁对象安居乐业和沿线社会长治久安创造条件。南水北调管理机构要强化责任意识，严格按照有关政策法规、行业标准和有关要求，对实施方案内容和标准进行逐项细致审核，确保满足征迁安置实施。实施过程中确需调整或修改的，项目法人或项目主管部门必须委托原设计单位出具设计变更，报请原批准机关批准后付诸实施，严禁擅自调整或修改以及擅自调整或修改后的事后报批行为。

2. 临时用地管理

南水北调工程为特大型基础设施项目，临时用地主要集中在干渠、河道、泵站和水资源控制类，数量大、类型多样，涉及行政区域多，影响范围广，政策性强。临时用地从征用到退还涉及很多环节和工作内容，每一个环节都和群众利益息息相关，处置不妥或不当会引发沿线社会矛盾，存在社会安全隐患。从工程开工建设十几年间的实际使用情况，确实存在有超期使用、随意征用、未按设计要求使用、临时用地复垦设计深度不够、实施质量不达标等问题。只有严格遵章建制，全过程控制，参与各方各单位密切配合、各负其责，确保用地规范使用、土地复垦设计和质量达标，才能保障群众满意，沿线社会稳定。

一是要全过程控制。在临时用地的规划设计、手续报批、补偿补助、土地复垦、土地退还等各环节管理中，要综合考虑制定完善各项规定，健全协同参与工作机制，实施临时用地系统、规范的全过程管理，确保各阶段工作不出现问题。二是在临时用地的补偿标准确定问题上，要科学测算，合理确定。结合目前政策再细化考虑对于地力的影响程度和土地复垦后的地力恢复水平，例如，临时用地上建设建筑物、湿方弃土临时用地等类型占地的复垦措施及补偿标准。三是要高度重视复垦设计方案及施工质量。复垦设计方案及施工质量是临时用地顺利移交的关键，在土地复垦设计阶段，政府及土地部门、企业、群众等多方要广泛参与，通过相互协商，共同确认，选择科学合理、符合当地实际的复垦措施；方案批复后组织单位要严把质量关，复垦完成后，不仅业主、设计、监理和施工单位参与验收，还吸收有承包权的群众代表参与验收，让群众对质量认可，保证临时用地能够顺利移交。

3．施工环境影响问题处理

根据南水北调东线、中线一期工程干线多年的工程建设情况，有关施工影响主要有施工噪声污染、粉尘污染问题、爆破安全隐患问题、地下水位降低影响用水和农田排灌问题、弃土弃渣问题、阻断交通问题、专项迁建导致断电断气问题等。这些问题在沿线各省（直辖市）不同程度的存在，既影响了工程进度，又不利于社会稳定。截至目前，南水北调沿线施工环境影响问题已基本处理完毕，沿线群众较为满意。其中的做法和经验可以借鉴。一是要充分认识施工影响问题处理工作的重要性，切实加强领导，把施工影响问题处理工作摆到突出位置来抓。二是要强化文明施工管理，尽量减少施工影响问题。对施工噪声污染、粉尘污染问题、爆破安全隐患问题，合理安排工序，严格按规程操作，采取技术措施切实将影响降到最低，对确实受影响的村民，采取一定的经济补偿和防护措施，确保沿线群众的人身财产安全。对弃土弃渣影响问题，督促施工单位严格按照地方政府提供的地点，按照设计标准堆放弃土弃渣，结合低洼地带和废弃坑塘填埋排泥，采取防护和复耕措施，为当地群众生产恢复提供保障。三是对因工程建设造成的其他影响问题，如地下水位降低影响用水和农田排灌问题、组织当地主管部门编制影响用水和农田排灌恢复改建设计，及时组织实施，减少对沿线群众生产生活用水的影响。对阻断交通影响问题，建设管理单位及施工单位应积极与当地政府和相关村庄沟通协调，结合南水北调堤顶道路建设，为群众办一些好事、实事，开通临时出行便道，帮助当地硬化路面，对损坏严重地段，结合“村村通”道路的实施，给予适当补偿，并签订相关协议。四是要不断完善施工影响问题处理机制，不断完善重大问题处理应急预案，采取各种措施，把影响风险降到最低程度，保障南水北调工程建设又好又快地推进。

三、资金监督管理

征迁安置资金监督管理的内容主要包括征迁安置资金的拨付、使用和管理情况。征迁安置资金的真实、合法、有效使用，直接关系到征迁安置对象切身利益，是征迁安置工作的顺利实施和征迁安置目标实现的重要保障，需要引起各级政府、审计和监察机关的足够重视。

南水北调工程征迁安置资金不经过地方财政系统，直接从南水北调系统根据年度工作计划逐级拨付，投资包干使用。在沿线多年历次审计、稽查、监察中发现有个别地方征迁安置资金被截留、挪用现象，事后立即进行了整改，处理了相关责任人。因此，征地拆迁资金管理事关社会稳定、群众利益、干部作风安全。各级各部门要加强财务人员的技术能力，提升管理水平，有效保障征迁安置资金合理使用。严格遵守国家财经纪律和南水北调资金管理各项规定，在拨付资金中避免出现重复拨付、随意调整，做到征迁安置资金和征迁安置项目一一对应，避免出现征迁安置资金被挪用、借用等现象，在维护征迁安置资金安全的同时也保障财经干部作风安全。

各级主管部门应当加强内部审计和检查，省级主管部门和项目法人应对征迁安置资金及时到位、使用和管理情况切实进行监督检查，切实发挥政府监督作用。监理监测单位要充分行使职能，在对征迁安置资金拨付、使用和管理的监督过程中发现的问题要及时提出意见并监督整改，切实发挥社会监督作用。

四、信访维稳问题

南水北调工程顺利建设，沿线社会稳定目标，离不开信访维稳工作。信访维稳问题处理好了，才能切实保障沿线社会稳定，群众安居，工程顺利建设，达到双赢。

要进一步建立健全信访维稳工作机制，将信访稳定工作与征地拆迁工作一并安排部署，一并检查落实，为工程建设营造良好的施工环境，维护南水北调沿线社会大局稳定。开展矛盾纠纷排查化解要不走形式，真抓真查，对排查出的问题及时处理，不留隐患。坚持定期下基层走访制度，对工程沿线征迁群众进行走访，畅通述求渠道，积极为被征迁群众解难答疑。信访稳定工作应急预案制定要符合实际，具有可操作性，确保群体性突发事件和其他突发情况能够得到迅速处置，避免造成恶劣影响。建立信息员制度并开展相关培训，确保信息沟通及时，事件处理及时有效，避免发生群体性事件。

主 要 参 考 文 献

[1] 中华人民共和国水利部. 水利水电工程建设征地移民安置规划设计规范［S］：SL 290—2009. 北京：中国水利水电出版社，2009.

[2] 中华人民共和国水利部. 水利水电工程建设农村移民安置规划设计规范［S］：SL 440—2009. 北京：中国水利水电出版社，2009.

[3] 朱东恺，施国庆. 水利水电移民制度研究——问题分析、制度透视与创新构想［M］. 北京：社会科学文献出版社，2011.

[4] 河海大学中国移民研究中心. 南水北调东中线一期工程征地补偿和移民安置政策制度实施情况调研报告［R］，2008.

[5] 山东省南水北调工程建设管理局，南水北调东线山东干线有限责任公司. 脉动齐鲁——南水北调工程征地迁建卷［M］. 北京：中国水利水电出版社，2014.